目　錄

推薦序 1

資深美食記者 潘秉新

　　一個惠風和暢的三月天午後，yamicook 廚藝教室內，有被主管派來取經的大飯店麵包師傅、有為了家人健康第一次上麵包課的母親、有迷戀法國麵包的時尚美女、有做麵包調劑生活的電腦工程師；還有一位男士，要以自己親手做的麵包，當成讓妻子驚喜的生日禮物。

　　他們是徐師傅好幾個梯次麵包課的其中一班學員，而不管是抱持甚麼想法來上課，當我看到，每堂三個多小時示範及實做過程中，十六位學員聚精會神地學著徐師傅的手法，體會自己親手做出來的興奮，以及，從他們品嘗徐師傅的招牌「富貴金棍」時，每個人臉上所流露的滿足、愉悅和感動，我深知，徐師傅的「麵包魂」已深深埋入他們心中。

我非常了解那個「麵包魂」帶來的心靈悸動，因為 2013 年四月，當我第一次在新北市新店區工業區裡，找到徐師傅的小小麵包店「國王烘焙」，把他的棍子麵包撕一塊放入口中咀嚼，那滿溢口腔的麥香和乳香，外有勁、內濕潤的口感，及剖面金黃油亮、冷吃更為迷人的風味，這一切的感覺，讓我在《今周刊》的「吃得幸福」專欄中寫了這段話：這個有靈魂的麵包，有如米勒《拾穗》畫中，在田地勞動的農婦，如此自然純樸又富生命力。

　　才一年半，徐師傅已闖出不小的名氣，創下一天賣出 2000 根棍子麵包的驚人紀錄，成為工業區的傳奇；「我憑的就是法國麵粉所散發的天然麥香味！」口口聲聲強調麥香、麥香、麥香的徐國斌，要以這個味道打破法國麵包在台灣的神話，他不標榜資歷、技術、工序、溫度、菌種、發酵時間等等，不管是對顧客、對學員，就是一再強調：「有麥香的麵粉才是麵包的靈魂。」

　　他教學員，不要追逐流行，應以了解飲食文化為做麵包的心態；也因為熱愛法國飲食文化，徐師傅堅持教法國傳統麵包工法，材料是優質的法國麵粉、岩鹽、酵母、水。做法只需用雙手輕撥、輕揉，經過一定的時間發酵，就能做出健康美味的棍子麵

包。不必攪拌器、發酵箱，不需費勁揉搓，材料簡單、做法簡單，所以，他上課的開場白通常是：「請大家不要叫我老師，因為實在太簡單了，叫我小徐就好了！」這番話總引來哄堂大笑。

儘管如此，還是有學員課後和我分享，他們覺得徐師傅其實有一雙魔手，因為麵團在他手上似乎特別聽話；我想，徐師傅二十五年的投入，全身的細胞早和麵包緊緊連結，每天心情的好壞，就是取決於麵包做得好不好。如果真要說他的麵包有何「附加調味」，那就是徐師傅邊做麵包要邊聽三大男高音的演唱。「潘姐，我的音樂呢！」他上課時，我要隨時注意調整 CD 音量，聽不到時，他會小小抱怨，然後跟學員說：「今天麵包做不好，就是潘姐沒放音樂！」這話又引來一陣笑聲。

其實，他想教的，是一種以麵包為主食的生活方式，一種不只是麵包的生活品味！在這本書中，他不藏私的把麵包配方公開，介紹他喜歡麵包配紅酒、起司的吃法，就是抱持一種推廣和分享的想法。雙魚座、屬虎的國斌，個性有柔有猛，身為苗栗頭份客家人，生活方式和觀念卻是法國人；書中也寫了他十三歲隻身在法國，二十七年來人生每個階段的起落。相信，大家一定可以從這本書中，得

到充滿「人生況味」的美好閱讀感受。

　　而我，則要趕快想辦法，讓越來越多報名候補的學員上到國斌的麵包課！

本文作者為「傅培梅飲食文化教育基金公益信託」執行長、「yamicook 廚藝教室」負責人、今周刊「吃得幸福」美食專欄作者、環宇廣播電台「人生廚房」主持人。

強振國 攝影

推薦序 2

生活料理家　貓兒

　　2012 年暮秋，公司附近工業區旁開了一家不起眼的麵包店。在工業區這種貧瘠之地開麵包店？想必，店主人對這裡環境太不熟悉吧！而這家小店，之所以引起我的注意，是因為某天店門口放了幾包法國進口的麵粉。

　　因為這幾包麵粉，讓我斷定，麵包店的主人竟然將一袋一袋進口的法國麵粉放在店頭最顯眼的地方，絕非泛泛之輩。於是走進這家小店去看看，從此，與徐師傅結下一段令人珍視的友誼。

　　當然，有著上述相同經驗的朋友，不只我一個。嚐過徐師傅手作麵包的眾多朋友裡面，沒有一個不為他的法國麵包滋味著迷，為他爽朗大器的個

性傾倒，也為他帶回旅法 25 年精湛正統的麵包技藝而感動。那時候我就深信，一個誠懇踏實，只想以最好的原料做出好吃麵包的人，是不會寂寞的。

國王烘焙位於新店工業區入口處的小店中，他的麵包不只採用法國及歐陸的食材，也頻頻將台灣在地新鮮食材原味加進他最愛的法國麵包裡面。所以，出爐的麵包香氣裡，除了有自己熬煮的香料番茄乾、還有加了滿滿法國起司的、或不計成本灑了好多無花果的、有著健康取向核果果乾的、或者加了頂級巧克力的、還有採用花蓮老店手工鹹肉的……這些帶著醉人香氣、口感紮實的麵包，讓一家小店，慢慢從開始的門可羅雀，到門庭若市。

這些轉變，都在來客實際感受徐師傅一路堅定的信念——絕不添加不該在麵包裡出現的香料或膨鬆劑——後，不斷回流選購，而這些經常遠從各地前來買麵包的朋友們，就是最好的宣傳。這次他將 25 年做麵包的經驗心得編纂成書，相信讀者們一定能按圖索驥，在家做出好吃又健康的法式麵包。

回國一年多，徐師傅從開始的默默無聞，到現今已是媒體爭相邀訪的傳奇，但是，在我心裡，他依舊是那位，堅持只想把正統法式麵包帶回故鄉，有著爽朗笑容的好朋友！

歸心，台北

　　2012 年初夏，我讓自己漫長的二十多年烘焙師生涯休了一個難得的長假，遠離了長待的法國，來到加勒比海渡假。在那裡，最初領我進入烘焙領域的師父 Borucki Frederique 已經在此過著退休生活近二十年了。當初在烘焙學校的安排下，我有幸能以師徒制的方式入了這一行。他待我如師亦如父，領我進入了巴黎變化似乎緩慢、競爭卻激烈的麵包糕點業的經營，我雙手所被賦予的敏感度，在與他的共事過程中，一點一滴自然地發揮了出來。

　　事實上他大我只不過五歲，和我一樣是二十歲年輕之齡就創業開店，但是後來不幸罹患癌症，他在身體復原後，像是天啓似地決定放下一切、帶著妻小隱居到法屬地馬提尼克島，過著終年只見加勒

比海、陽光、及椰林陪伴的生活二十年了；同樣在
這二十年中，我卻像把他那份未能繼續在巴黎烘烤
出麵包的努力攬在身上、用雙倍的力量在過去歲月
裡加速使用。像是為他、也為自己完成了這個標誌
著二十年長度的里程碑。

　　而下一步的起跑點，似乎自然地，這個浸潤著
麵包的魂魄，將帶著法國味，尋找另一個燃燒旺盛
意志的地方。

　　我決心回家。雖然某種程度上，法國似乎更像
我的家，我的思考邏輯、生活的態度、整個人的節
奏，更像是一個法國人了，畢竟，我的青春期是在
這開始的，在這樣的青春年代奠定了一個人完整的
人格，以及未來在生命中起跑的姿態。

　　我仍然決心回家。待在法國的最後幾年，我剛
好有更多機會回台探親。當年，我是從台北松山機
場離開了家鄉，當時覺得機場好小、飛機好大啊！
那個飛上去的天空更是寬闊到無以丈量。

　　而這幾次回來，台灣有了真正的國際機場，
親人陪我走逛台北這個台灣的最大都會時，接觸到
的，似乎都是國際化或說西方的印記，美式、法式、

倚在新北市一角，一間樸實的麵包店，每天用最道地的法國麵包迎接客人。

德式、歐式甚至北歐等字眼不停地朝我眼前襲來，雖然因此淡化了某種關於台灣的鄉愁，但也欣喜台灣與國際接軌的速度。

只是當我真正走入店裡嚐看看這裡的法國麵包時，驚訝發現，寫著「法式」口味的麵包，卻一點也吃不到「法國」口味；雖然滿街麵包店標榜自己賣的是法式麵包，但卻很難吃到道地法國麵包。原來，透過「法式」二個字得以巧妙躲開「法國」的指涉，但在那些模糊化的字眼中，台灣人卻失掉了認識道地法國、甚至落入錯解法國的境地。

至於另一些強調法國直送的正品，卻又走高級昂貴的精品路線，這樣的代價，是法國一般人都未必吃得起的。就像在法國，許多外國人來到巴黎的藍帶廚藝學校，學習法式飲食精緻昂貴的那一面，但那是即使巴黎一般市民也不會碰觸的；法國確實有極品級的烘焙甜點，但那並不屬於平凡市民的尋常生活，而比較像是特殊的場合下，才會來到五星級飯店用餐一樣稀有。

這真正觸動了我想讓法國樸實、簡單、平凡的吃麵包體驗，帶給我的台灣親友。2012年秋末，我回到了台灣，落腳在新店這個新北市的小城裡。

店面不大，沒有華麗的妝點昭告它是台灣人以為的法國印象；樸實的模樣，就像任何在巴黎散落街巷各處的麵包店，不顯眼，卻是融入街坊生活的一景。我也不是帶著什麼襲捲的意志而來，一顆簡單的初心，就是希望用這雙揉了二十多年麵團的手，紮實地做出巴黎人平日餐桌上幾乎餐餐享用的道地法國麵包，讓溫熱出爐的麥香味傳出，那是真正暖心暖胃的樸實簡單滋味。

巴黎巴黎，
十三歲孩子的追夢天堂

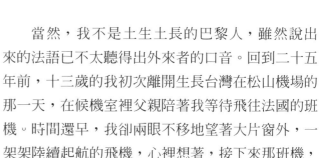

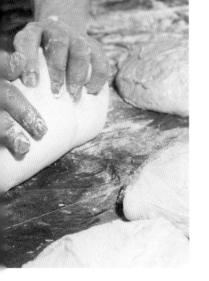

　　當然，我不是土生土長的巴黎人，雖然說出來的法語已不太聽得出外來者的口音。回到二十五年前，十三歲的我初次離開生長台灣在松山機場的那一天，在候機室裡父親陪著我等待飛往法國的班機。時間還早，我卻兩眼不移地望著大片窗外，一架架陸續起航的飛機，心裡想著，接下來那班機，就要載著我飛向高空、飛向全然陌生的國度。

　　我心中感受到的不是恐懼緊張，反而是一股難以言喻的興奮之情，鼓漲著我仍嫌瘦小的身軀！小學生涯最後幾年，我就是這麼恣意躺在田間，仰望天空做起高飛的白日夢！

那片陪我在台灣生活最後幾年一起做夢的田地，就在苗栗的客家村落裡。這是我出生的地方。雖然是來自農村鄉里，擁有大遍土地的祖父輩，以及高中校長身份的父親、國中老師出身的母親，這樣的背景讓我們在當地客家村落中似乎多了幾分顯赫及書香氣息，身為家中長子的我，更是背負著父母的深長期待。

和我只有十多年緣份、總讓我親情難忘的妹妹與我。

但是雙魚座天性的我，卻完全不問世事般活在自己築起的夢世界裡。客家人的父親形象，向來是帶著距離的威望長者，而母親雖然對我諄諄善誘，但年幼的我早認定，我有興趣的東西，絕不是在課堂上！若真要問起我對在台灣小學生涯的記憶，恐怕多半還是在教室裡神遊到雲外的逍遙吧！

小學三年級時，和我一向感情密切的妹妹，卻不幸在一次意外車禍中過世。她只小我二歲，印象中總是和我跟前跟後的玩耍，她的離開，對當時才九歲的我以及我們一家人，都造成了難以磨滅的打擊，產生的傷口更是難以癒合，甚至讓當時還年幼的我心生一種我心中唯一的牽繫（我妹妹）離開了，這裡（我的家鄉）沒有什麼再讓我留戀了。自此我的心更是每日在天空中漫無目的地飛，但同時小小心靈裡默默肯定我會離開這個地方！

正好當時，家族中一些親戚都在國外發展，見我根本無心於台灣課業上，父母親長考後，終於決定讓我到法國投靠在當地行醫的姑丈及姑姑。1987年父親帶了當時國中一年級的我，來到法國巴黎。

　　飛機降落巴黎機場的那一刻，我就篤定地知道自己會留下來了！走出機場航廈呼吸到法國的第一口空氣，我的心刹時亮了起來，迫不及待要往市區奔去了！

　　雖然是來此依親，但第一年的生活幾乎都是在巴黎的國際學校渡過的，這像是一所集合了來自世界各地的貴族子女在此學習以進入眞正巴黎社會的預備學校，同學的背景個個顯赫，與苗栗鄉下天壤之別的生活，讓本來初生之犢不畏虎的我也經歷了一段磨合期。不過雖然不愛唸書，我對學習語文倒是挺有天份的，很快的就能使用法語和人們溝通，大大縮短了我的不適應期。

　　我也在這時結交了來到法國後的第一位好友Michaël Deschamps，Michaël就住在我姑姑家附近，和我年齡相仿，雖是道地法國人，但只有150多公分身高的他，在人高馬大的西方社會顯得突兀，這讓他成長生活總是吸引來歧異的眼光，甚至是不友

在苗栗的客家村落裡，我們一家人生活於此。我父母及三位弟弟與我。後來幾位弟弟也成了麵包師。

善的對待。但這纖弱的身軀讓人訝異地居然沒有被
輕易擊倒，反倒裝載了一顆堅毅無比的心，及勇敢
直面一切的性情！這讓初來乍到同樣接受到不平對
待的我來說，從一開始的惺惺相惜，到後來從他身
上看見並學到許多處世的道理及勇氣。他帶給我的
這些寶貴智慧，絕對是在課堂上學習不到的！

夢想開始的地方，
踏入烘焙這一行

初生之犢不畏虎！這是攝於當年姑姑在巴黎
經營的餐廳。

來到巴黎第二年，我從國際學校轉入一般的國立學校。不久後，姑姑因病去世了，擔心我狀況的父母，特地飛來巴黎一趟，希望帶我回台灣，畢竟之後我在法國就真的是隻身一人了！雖然當時才十五歲，已經差不多適應了當地生活的我，說什麼也不肯離開這裡了。我總相信，巴黎，是我夢想開始的地方。

雖然懷抱夢想，說實在的，當時的我還不清楚具體的夢想內容是什麼，畢竟還算是個正值青春期的大孩子，日常生活的重心，還是和同齡朋友的玩樂。後來一位經營餐廳的長輩朋友，建議我可以去學做蛋糕，謀得一技之長。我當時也沒多想，像是冥冥中安排好了這條路，便從預備學校升

入位在大巴黎區 91 省的二年制職業學校 CFA DE CHAMBRE DES METIERS MEAUX 烘焙專業技術學校，主修糕餅甜點類。

學校同時為每一位學生安排了離學校不遠的糕餅店實習，從這天起，我便進入「城堡烘焙坊」（Boulangerie Du Chateau），開始了我一半時間在學校上課、一半時間在店裡實習的生涯。這家城堡烘焙坊就是領我進入烘焙大門的師父 Borucki Frederique 的第一家店。其實當時他也才二十歲出頭，但已經有了好幾年的烘焙師經驗。

一般來說，實習生在店裡總是做些打雜的活，但對他來說，我就像是當年初入門的他，也許是基於這份惜才的心理，雖然只是名稚嫩的實習生，他卻幾乎是將一身絕學傾囊相授，除了烘焙技藝外，甚至連店面經營都帶著我摸索學習。我若開始展現了任何的烘焙天份，都要深深感謝 Borucki 幫我挖掘了出來。

城堡烘焙坊除了販售糕餅甜點外，也兼營部分麵包，這讓我在學校主修的甜點之外，又開始接觸到麵包製作。在法國，甜點及麵包師是分屬不同領域、必須取得不同執照，在烘焙學校二年畢業

後，我在十八歲順利取得甜點師證照（CAP），同時在城堡烘焙坊裡繼續麵包烘焙的工作。也在這時，城堡烘焙坊搬遷到 77 省，離我住處很遠，我結束了通勤生活，直接搬到烘焙坊新址的樓上，和 Borucki 一家人住在一塊。

Borucki 不只是我的老師，更像是彌補了我一直缺席的父親位置，照顧我的工作及生活起居。雖然很早就踏入社會開始創業，一步一腳印之外，他其實是個懂得自在生活的巴黎人，所以我在和他一起工作的期間，他從來不會以效率、速度來強迫我，常常一大清早天未亮，他就自己起床進行準備作業，簡單告一段落、並且享受了一兩根菸後，才叫我起床。

亦師亦父的 Borucki 一家人。

我在他身上看見的，並不是把日夜生活都緊湊地投入到工作中，而是在工作時專注、融入，在休閒時放鬆、享受，並不是刻意被突顯出來的法式悠雅情調，而是體認到「全然在生活中」才是生命的真義。

也因此，二十五歲的他在一次海島渡假時發現身體不適，回到法國檢查後發現是癌症，歷經二年多的治療康復後，他決定連巴黎這樣節奏不算快速

的生活都放棄，離開都市，轉而投入更接近自然的海島生活。

不過和我師父比起來，更為年輕的我，內心似乎仍然還燃燒著熊熊的一把火，火焰才起，還沒開始旺盛地放出光和熱呢！在城堡烘焙坊工作後期，利用某次暑假，我跑到附近另外一家甜點店去打工，想要更精進自己的技藝。畢竟除了學校制式的教學外，Borucki 是我當時唯一的烘焙老師了，內在自然產生了想多學學多看看的企圖。

我的第二位烘焙師父是 Louvar Stephane，他當時仍只是我打工的甜點店的師傅，但在他身邊學習，立刻讓我感受到和 Borucki 的大大不同！比較之下，Frederique 像是位街坊邊水準不錯的烘焙師，但 Louvar 卻具備了成為甜點大師的精湛手藝。他的製作手法精準、流利，讓甚至只是簡簡單單的一顆糖果，都成了可以鑲上戒指的寶石，讓人愛不釋手。原來他曾赴法國西北的城市馬耶納（Mayenne）習藝，馬耶納在甜點界，一直有著深厚的聲譽，許多大師都是出自於此。

在這段習藝也是實戰的烘焙初期，透過每天雙手和麵團的「緊密互動」、每天鼻息間自然出入麵

粉傳來的天然麥香味，我漸漸感覺到不只是雙手被賦予了一種能量，指間指腹手掌的律動與麵團的自然塑形是共譜和諧弦律的；某種和麵團揉合一氣的融入感，也開始沁入了我的心脾。

　　我開始體會到，烘焙不只是一種「技」，更應該是一種「藝」；它不只是一種學習，更應該是一種體驗；它不只是計時器告訴你一個環節結束、一個過程開始，一個麵團該揉幾分鐘、力道要多少、該發酵多久，而是自然的來到了一個像是自動發生的過程。這聽起來或許玄妙，但是當內在的烘焙天份被點燃了，透過身心的燃燒，像是會有一個跨越的過程，來到了一種在揉製過程中，分不出手掌還是麵團在揉動了！我相信人有魂魄，麵粉也是有靈魂的！只在於你能否喚醒它，或說你被它喚醒了！

　　來到巴黎五年後，我真正看見自己的夢想開始踏實了！

從創業到展業，
燃燒旺盛企圖

　　跟隨 Borucki 以及 Louvar 二位師父的學習，讓我開始體會一種付出心力、便能優游其間的落實夢想的途徑，也讓我更肯定自己踏入這一行的選擇。

　　在 Borucki 決定移民到馬提尼克島時，我也已經年滿二十歲了，回想當時他也是在我這個年紀創業的，很自然的便期待由我來接手這家店的經營。我當時與同在店中工作的店員 Nathalie Myler 相戀了一段時間，Nathalie 一開始也是以烘焙學校的實習生名義來此工作，只不過她主修的是餐飲服務。

　　事實上，在 Borucki 治療癌症的這段期間，就幾乎是我和 Nathalie 在掌理這家烘焙坊了。Nathalie 以第一名的優異成績畢業，還未滿二十歲就在一起

的我倆，也常常互相編築未來要一起開店打拚的夢想，只是沒想到，這個夢想竟然在我們還那麼年輕的時候就要實現了！

不過當時我倆畢竟都還年輕，媽媽慷慨資助我一筆資金當作頭款頂下烘焙坊，其餘大部分則由我和 Nathalie 以創業名義貸款。我們當時為了能順利取得銀行貸款，便提早進行了原本不會那麼快考慮到的結婚，以夫妻共同名義借款。

年紀輕輕的我們，似乎感覺到一切來得太容易了，但也讓我們更戒慎的經營這個小小的成果，經營這家標誌我倆成為夫妻的烘焙店。

這家店當時的年營業額是 160 萬法郎，接手後，原本在店裡以蛋糕點心為主要工作的我，開始專業做起麵包製作和甜點，憑著五年來不間斷地學習及工作，經驗的密度成就了更敏銳的手感，以及夫婦二人的鬥志及努力熱誠，讓業績在短時間裡飛快漲了二成。

這也讓一開始仍有些擔心的母親，心裡篤定了下來。初來法國這十年，我沒有回過台灣一次。雖然遠在台灣，母親仍不時記掛著這位長年不在跟

Quentin 也是我投注心力努力打拚的重要支持。

前的大兒子，在國際電話費高昂的那個年代，總還是常常接到電話對我噓寒問暖。她在電話那一頭顯露了她的寬慰，才成年的我，就已經獨當一面創業了，那個愛做夢的兒子，也終於懂得築夢踏實了。

與我親愛的兒子及前妻，當年回台探親時所攝。

其實接下我人生第一家店經營的那幾年，確實是我精力最為旺盛迸發的時期，內在產生一股無法抑止的衝勁，即使成果斐然，仍然無法滿足，永遠想著追求下一步。

當然，這也是因為有了 Nathalie 作為後盾支持著我，我努力用雙手做出好吃的麵包糕點，她則在前台打理店面維持優質的服務、同時負責財務。她又是我溫暖的臂膀，在我衝刺過頭時，讓我知道，永遠有一個溫暖的地方在等我。

二年後，我兒子出世了！在那個溫暖等待我的家中，現在更多了一位成員 Quentin，這讓我內在的衝勁像是加了油，更強烈的爆發了！

二十四歲我帶著妻兒第一次回到台灣省親，身為一家烘焙坊經營者，同時完成了成家立業的人生履歷，雖然只是微小的成就，但也終於讓嚴肅傳統的父親放下了心中的重負，面對子女臉上始終緊繃

的線條，也柔和淡開了。

　　同年回到巴黎後，我真正展現展業的企圖心，在巴黎塞納河右岸的第八區頂下了我人生中的第二家店面「古早味」（Aux Saveurs d'Antan）。這裡是掌握時尚脈動的核心，香榭里舍大道、凱旋門更是這一帶的地標。古早味餐廳是採複合式經營的餐廳，店裡除了座位區供餐飲外，也有麵包點心櫃。這附近多半是商業辦公大樓，雖是高級地段，但假日門可羅雀，加上前任老闆經營不善，日營業額只有五千法郎左右。

　　接手後，我發現除了店面老舊外，老闆和在此工作的師傅之間並無向心力，整個經營呈現一種得過且過的停頓狀態，做事無效率、產品品質不佳；當然，當在上位者無心於維持一定水準甚至進行革新改造時，受雇的同仁自然產生消極的心態，只把工作當作是賺錢維生之道。

　　當時我看中的，是基於此區的發展潛力，以及因為原本經營不善才能讓創業未幾年的我便宜頂下這幾項優點，對擁有旺盛企圖心、同時篤信肯付出就能收穫的我來說，要翻轉這家店的局面並不難。

事實上我進行的方式也很單純，留下了原本的員工，重新和他們建立一體的向心力；因為原本獲利不佳讓這些員工很久沒有機會調薪了，我除了調漲薪資以宣示改變的決心，也取消了原本根本沒什麼客人上門的假日經營時段。這家店的麵包則由我位在 77 省的城堡烘焙坊每日直送，以確保品質及新鮮度。三個月後，很快的，營業額立刻翻倍。

　　第一次展業的企圖很快顯現了成效，一年後，我又頂下了第七區的店面。這裡是巴黎鐵塔所在的區域，店面位在住宅區附近，這裡的居民都是背景雄厚的老巴黎人，這是一家二代經營五十年的老店了，一樣因為經營不善，亟欲以低價快速脫手。這家店面的本質條件其實很好，所以當時同時有三組人馬想競爭經營權，我的資金上雖然不雄厚，但也許是年輕及企圖心打動了對方吧，最後由我取得這家已經走過半個世紀的老店了。接手後，我再次複製一樣的經營原則，店名也延用「古早味」，很快的，才不到三個月，營業再次翻紅。

　　二十多歲就在巴黎擁有了三家烘焙店及餐廳，並且經營績效都在爬昇之中，也讓我的心整個飛往更高更遠，卻沒意識到，前方不遠處一個更大的變化等著我。

這裡真像天堂，
只可惜欲望還是存在

　　事業上的得意，其實很大部分是來自家人、特別是妻子的支持，她總是無怨的作我的後盾，特別是讓每家店的財務管理都上軌道，讓我往前衝刺時，在心理上及經濟上都能無後顧之憂。

　　我內心雖然深知這一切，也深深感激她的付出，但也許上天總是公平的吧，失衡的天秤，總是會被力量推動重新找到平衡。當我將全副意志都放在事業上時，就將她所有的付出都視作理所當然了，也漸漸忽視了她的存在，甚至無能參與到孩子的成長。我不知道當時她是怎樣熬過那段傷痛，只感覺到有股裂痕在我和家庭之間滋生了。

那年七月，她帶著兒子到加勒比海馬提尼克島渡假了一個月，回來後即刻又回到她南法的老家。也許這段長時間的分離期間，對於我們兩人之間的關係，她陷入了一段長考，對她和我的往後人生，在此時投下了與我不同道路的另一條結局。

　　也是在她回到南法這段時間，我一個人顧著三家店的經營，頓失左右手，開始有一股心力交瘁之感，雖然那幾年我大弟也來到巴黎幫忙店務，但畢竟和我差了近十歲的他，還只是個大孩子，玩樂都顧不及了，我甚至得負起照顧他的責任。這樣三家店和家人之間多頭燒，終於到了身心都耗盡燃油的地步。

　　長年不看電影的我，卻在那段時期被二部片子深深觸動了。失眠的幾次夜裡在電視前無意識的轉換頻道，不經意看到了《扭轉奇蹟》（*The Family Man*）及《海灘》（*Beach*）這二部片，才幾幕戲晃過眼前，我卻像是身心都被捲入了片中的劇情。

　　在幾幕戲進出之間，我恍然見到了自己一心一意也在追求《海灘》裡人間創造出的「天堂」，也確實享受到了許多人間天堂的富裕及美好，但是卻在執意的追求之中，掉進了另一種執著，無能去看

見眞實存在的是什麼，也背離了眞正擁有的東西。然而就像片中說的，「能輕易背棄一切，卻不一定能遺忘。」

那些我以爲絕不會失去以致不再珍惜的家人和那份情感，忽悠地回到我眼前，就像《扭轉奇蹟》片中，過著上流社會光鮮生活的傑克，卻在以爲自己已經得到了所想要的一切，刹那就被捲回另一個早被他背棄的選擇情境，那個最初與他共同築夢的另一伴。生命也像是給了我一次瞥見「微光」（glimpse）的機會，從十八歲就與 Nathalie 在一起的種種畫面，順著時光遷變快速流過我的眼前，有幸福、也有爭執，甚至悲傷不快，但是現在全都帶著一股美好且眞實的觸動。這份遲來的醒悟，像是一陣刺痛使我徹底質疑起了自己的人生。

我打電話到南法給妻子，盼她帶著 Quentin 回到巴黎。幾天後，只見妻子一人回到家中，連行李也沒帶，望著我只說了句話：「我要離開你，」

「妳不是才剛回來嗎？」我一時摸不清頭緒。

「我想我們分手吧，我飛機票訂好了，下午就再飛回南部。」

就這樣，連讓我挽回的機會都沒有，甚至瀟灑的什麼分手條件也不要求。原本我還帶著一絲期待，希望她只是在氣頭上，想通了就會回來，但六個月過去了，我最後的希望也終於被時間給洗刷破滅了。這讓我頓時失去了努力的緣由，努力背後的虛假空洞吞噬了我，生活和工作變得不再有意義。

　　生命頓失了某種所依，我完全無心思於工作上，只是恍恍度日，甚至最後連員工的向心力也賠掉。就在她走了二年後，二十六歲的我，陸續失去了三家店。

我在巴黎左岸，
找回雙手的感覺

　　婚姻結束後，我的自信也跟著失去了。所謂的自信，或許只是內在自我某種強撐起來的東西。連想要證明自己的那份自信都失去後，現在一無所有的我，開始看到最初那份根基究竟是什麼。

　　也許我畢竟是一名外國人，而且還是東方膚色，自小在巴黎社會生活，內心總要求自己要把標準訂得比法國人還要高，在實踐目標的過程中，卻不自覺地會把名利上的成功等同於人的成就，但也因此內在一直無法感受到真正的滿足。

　　我決定回到原點，找回真正讓生命產生悸動的初心。當然，我的雙手、我的五感都仍帶著烘焙的靈魂，我的原點，其實也就是烘焙的原點。

創業的後期，我其實不再親自揉麵烘焙了，現在，我又再次成了一名道地的烘焙師，試圖重新尋回熟悉的手感。不再帶有開著敞篷車巡視三家店的經營者光環，如今我只是一名受雇的麵包師傅，透過派遣公司的安排，在巴黎一家家不同的麵包店工作，二年多下來，走遍了近八十家店。這也讓我對每一家店的烘焙技法、配方變化等，有了清楚的認識，一方面打工、一方面磨練。

和我一同來到南法，在麵包店共事的大弟。

其中一家店的經營者，在我任職當時，剛得到法國第一屆可頌冠軍，讓我見識到烘焙大師的技藝。也是在這時，我認識到了下一篇文章中將會分享的「法國傳統麵包工法」。二年多的時間，我在內心裡開始找回了自信，也更篤定好吃的麵包祕訣是什麼。

2005 年我被派到巴黎第六區工作，也就是一般人熟悉的左岸。我待的這家店就在索邦大學附近，文化氣息濃厚，老闆是位金融業轉行的猶太人，本身並不熟麵包製作，經營一直不見起色，我知道他打算找人接手，這也重啓了我創業的熱情。

知道我的經濟狀況後，猶太人老闆也願意用分期付款的方式把店面頂讓給我。這家店日營業額只

區區 500 歐元，我以 18 萬歐元的年營業額代價接下了這家店。重新成為一家店的經營者，在自己跌倒的地方，再次站了起來，這次我採取穩紮穩打的經營策略，但不變的是投入自己事業的那份熱情。

這家店就位在王子路上，所以我的店名就叫做「王子烘焙坊」（Boulangerie du Prince）。事實上，我在朋友間的外號就叫做「小王子」，那是第一次創業時，一家麵粉廠老闆見我年輕氣盛，便這麼稱呼我。

二年後，王子烘焙坊的日營業額達 3000 歐元，當時甚至每日提供 2000 條金棍麵包給幾家大飯店。不過這時事業雖順利，做麵包更是一件非常順手的事，我卻變得活在當下，對事業經營沒有立下什麼長遠計畫，也許是和妻小分離的事件，在我內心的缺憾再也難能彌補吧。此時我心中甚至出現了離開巴黎的聲音。

我將六區的王子烘焙坊結束掉，打算到一個更遙遠的地方開始，剛好一位住在普羅旺斯的朋友有興趣與我合夥創業。為了籌措創業資金，我們先在巴黎十六區以 10 萬歐元頂下一家虧損的店，六個月後營業額翻四倍，便立刻轉賣掉，將賺得的 14

「古早味」（Aux Saveurs d'Antan）的招牌，隨著我來到了普羅旺斯。

萬歐元，於 2010 年來到南法普羅旺斯的濱海小城，一起在這裡重啓「古早味」的招牌，開店經營。

經營狀況一樣順利，南法悠閒的生活也讓我有更多時間沉澱，二十多年的烘焙師生涯做出了數不盡的麵包，我渴望也有家鄉的朋友能吃到自己親手做出的麵包。就在這時，回台灣發展的意圖，逐漸醞釀成熟。

2012 年 4 月，我來到加勒比海的馬提尼克島，拜訪我的恩師 Borucki Frederique，和他們一家人短短生活了近二個月，我更堅定了當心中的意圖成形時，就跟隨內在的聲音勇敢走出下一步。這一年的秋天，我回到了台灣。

法國麵包魂

好吃的法國麵包標準究竟是什麼？對法國人來說，作為一般人家庭中主食的麵包，幾乎餐餐都會食用，搭配著生菜沙拉、濃湯、燉菜、燉肉、甚至義大利麵，所以麵包最好是愈單純愈好。但是單純又要能吃不膩，祕訣其實很簡單，就是氣味及口感的恰到好處。氣味來自純麥的香味，口感是完全無添加的天然食材，這就是最絕美的搭配了。

這麼簡單的方式，卻並非每個法國人都能吃到。幾世紀以來作為法國人主食的麵包，曾讓法國因此享有「世界上最好吃麵包」的美譽。但是二十世紀戰後，小麥生產量銳減，出現了糧食短缺的問題，加上整個工商業社會的發展都朝向追求效率、大量生產，在麵包製作上，開始出現膨鬆劑及改良

當年普羅旺斯的店裡，懸掛著由Viron麵粉廠認證並提供的「Rétrodor金棍」海報。

必須經由 Viron 認證的烘焙師才能
使用磨坊口碑的高品質麵粉。

劑等等加速製作並以人工方式增添口感的作法，也讓一般麵包師傅不需要天還未亮就得早起進行準備作業。

但是為換來大量生產及效率，卻是以失去品質為代價。以磨坊業起家的 Viron 家族，是法國知名麵粉廠，1980 年代末，Viron 這家老字號商家的父子檔，有感於正統的法國麵包失傳了，於是和幾位一樣嚮往手工傳統的麵包師傅共同合作，企圖尋回往日的榮光。他們決定從麥種開始去尋找失去的源頭，以優質的麥種種出的小麥，接著以古傳磨法製作出磨坊口碑的高品質麵粉，最後再用傳統手工的烘焙法，再現正統法國麵包。

後來某屆法國麵包大賽，當時的冠軍者所使用的就是用來喚醒法國麵包之魂的明星產品 Viron 麵粉，這也讓我注意到這支麵粉，及其背後的故事，更因此認識到這種「法國傳統麵包工法」。

為了維護 Viron 好不容易贏回的聲譽，在法國，必須經由該公司認證的烘焙師才能使用這支冠軍麵粉，並提供店內懸掛使用該麵粉所製作出來的「Rétrodor 金棍麵包」授權海報。這套作法大約在 2005 年開始風行，我也積極投入，很快成為 Viron

法國最大麵粉廠之一的「巴黎大磨坊」一樣推出頂級的克朗思克麵粉及 T55 麵粉，專用在法國麵包的製作上。

的指定烘焙師之一。

事實上，並不是每位麵包師傅都願意放棄原本更快速有效率的作法。這套在早年普遍應用於法國的做麵包技術，所要求的，其實就是和現代理念背道而馳的費時、費工而已。

一般麵包店的師傅會在前一晚將麵團進行低溫發酵，隔天七點一上班就能回溫開始進行分割、整形、烤麵包等開店的動作，但用這套傳統工法，若要準時開店迎接客人，就必須提早一個多小時進行準備作業。

為了確實傳遞出精良的法國麵粉獨特的麥香味，在過程中除了麵粉、水、天然酵母及粗鹽之外，不摻入任何其他的添加物，不管是膨鬆劑、改良劑或麥芽精；水份含量較一般更高（達 70－78％），揉製時非常易黏手，必須更加費時費工；最後麵團還需要經過多道手揉及靜置等待發酵的過程。

經過這套「法國傳統麵包工法」烘烤出來的，不但是散發純麥香的法國麵包，其氣孔細密的質理，還能保有內裡綿密、濕軟Q彈、外皮爽脆的口感，也因此立下它的獨特之處。

保有最單純麥香風味，讓它能輕易搭配任何食材，佐以各種飲品。2005 年開始，這套做法再次風行。目前在法國，最具聲望且歷史悠久的麵粉廠「巴黎大磨坊」（Grands Moulins de Paris，簡稱 G.M.P.），也提供因應傳統工法、強調純麥香的優質麵粉克朗思克（Campaillette Grand Siècle）及 T55 麵粉。

二十多年的麵包師傅生涯，我的靈魂似乎也被帶有法國魂魄的麵粉給喚醒了。在每天的開店作業中，最重要最基礎的打麵團過程，大約會打到八種麵團左右，一次又一次地，感受到全身心和麵團融合為一體，所謂麵包魂，也像是我的靈魂融入了麵粉的魂，既不需靠溫度計，也不再只是依賴嗅覺味覺及觸覺，更像是直覺，甚至目視便能分辨出每處不同筋度。透過混融純熟的手法，逐漸讓整個麵團筋度揉合一致、達到完美。

回到台灣開店後，我繼續在這家店裡沿用正統的法國麵包做法。僻居新店區一角，創業初期也曾面臨一段尋不著知音的艱難時刻，沒有什麼推廣資源及人脈的我，總相信，誠懇的麵包做法及真心的食材，就是最好的行銷手法。

回到台灣開店後，我繼續在這家店裡沿用正統的法國麵包做法。

藉著這家提供正統法國麵包的小店，我們希望和大家分享一般法國人平日享用的麵包餐點及搭配吃法。

　　幾個月過去，店裡漸漸出現一些熟面孔；這些一開始因為好奇、因為恰巧路過等等理由，而進了店裡試吃並買了麵包的朋友，陸陸續續都再次回到這裡，甚至成了習慣來到店裡，和我們聊聊麵包以及麵包以外的法國飲食種種。同時，還帶來了他們真心推薦而同樣來到這裡的其他朋友。

　　有來到台灣工作的法國朋友、有長居歐洲回到台灣的朋友，他們很開心居然能在這裡吃到他們思念已久的真正法國麵包，而不再只是徒具其名的「法式麵包」。

　　法國麵包不是一種風情或時尚，它在法國人的家庭中是簡單樸素、卻真才實料的餐桌食物。漂洋過海來到台灣，卻成了精緻昂貴的櫥窗美食，或是失去了本質的「法式」餐點。藉著一點微薄之力，傳遞道地的法國飲食，就是我回到台灣創業、最希望能產生發酵力量的不變初衷。

吃出法國，
傳遞飲食眞義

回台開店後，藉著這家溫馨的小店，我認識了愈來愈多的朋友，其中大部分是久違的台灣朋友，還有不少是來到這裡一解思鄉之情的法國友人。常來到店裡的朋友都知道，在這裡我們不只提供各種口味的法國麵包試吃，也會適時端上一杯咖啡招待，特殊的時刻，甚至能一起舉杯品味美酒。

找喜歡和朋友們分享的，其實不只是法國麵包，更是一種享受生活的方式。我的工作伙伴或上課的學員都知道，揉麵團時，古典音樂作爲背景幾乎是我的習慣了，帶有純麥香氣的麵粉和上水，讓雙手在其中輕揉攪動，麵團就成了我的琴鍵了！

藉著這家小店，和大家分享美味的法國麵包；藉著
這本書，也將有更多朋友靠著自己的雙手就能親手
做出正統的法國麵包。離開長居二十多年法國的
我，這次回家了，而回家的初衷——和家鄉的朋友
分享正統的法國麵包——也逐步實現了。

法國飲食文化豐厚內涵的傳遞者

法國飲食文化背後豐富的內涵，無法用言語說盡，
它不只是麵包、或更進一步的美食、醇酒等打造出
來的豐盛餐桌，更多的是讓它精緻的義理自然地融
入生活中，成為品味。

在這家提供道地法國麵包的店面裡、以及在台北的
廚藝教室授課的機緣下，我希望能搭接起法國飲食
文化和台灣之間的橋樑，也許只是一份微薄的力
量，但是開啓了這把薪火，或許能如傳遞純麥香的
麵團逐時發酵般，逐漸讓法國飲食的真義，真正浸
潤在我們的日常生活裡。這將是我和夥伴們下一步
想要落實的夢想！

美味 Tips!

若能嫻熟地運用各種搭配及吃法，還能將法國麵包融入成為生活的創意來源！

微醺之間，麵包與酒的協奏曲

在不到十坪大的點心陳列架上，除了各式法國麵包之外，還擺放了一些
葡萄酒。在法國人的餐桌上，除了必備的麵包之外，也常常會根據當天
的料理備上一瓶紅酒或白酒。最普遍常見、口感最單純的原味金棍，可
以搭配任何食材及酒類都不失色。

至於什麼樣的口味最適合搭配紅酒飲用呢？那當然是口感細緻、風味內
斂的罌粟籽麵包；而加了濃濃奶香味的卡蒙貝爾起司麵包和全麥蔓越莓
麵包，一樣都是紅酒的良伴。

以青黴菌發酵而成的藍起司，特殊的風味則非常適合搭配口味清爽的白
酒飲用；另外像是裸麥類麵包，微酸的口味能和白酒以及海鮮類食物互
相映襯。

至於口味明顯、份量不大的芥末籽脆腸麵包，適合作為餐前的開胃小
品，在夏夜裡搭配啤酒，更能感受晚風沁人的魅力！

普羅旺斯風的地中海番茄麵包同樣適合夏日餐桌，不妨以此款麵包搭配沙拉享用，再搭配上一杯冰鎮後的粉紅酒，不但消暑且爽口宜人。

不過當然不只是美酒，還有許多美味的飲料一樣能和麵包百搭出色！午後工作小憩時，或者和朋友相約下午茶，都很適合軟法類麵包搭配紅茶或花茶上場；當然像是加了蜂蜜提味的蜜蜂窩麵包以及香柚美人麵包，一樣極適合佐以紅茶，當作午後能量的補充；至於可頌和巧克力胡桃麵包，則可搭配咖啡飲用。

挑動你的味蕾，麵包抹醬創意

雖然幾乎餐餐必備，但法國人不一定特別爲麵包準備塗醬，而是根據當天餐桌的菜色，作爲創意的抹醬。由於法國人最常食用原味的金棍，單純麥香味的麵包可以沾抹當天餐桌上任何主菜的湯汁及湯品，即使是餐盤見底的義大利麵，也常見法國人將切片的麵包把整個盤底仔仔細細塗抹一遍，再入口，對他們來說，這些就是最豐盛的醬料！

本書中大部分的麵包都創意地加上了各式配料，其實單吃麵包，口感層次就很豐富了。但是像金棍類、養牛土司等原味麵包，單純地吃，能享受到純麥香的風味，加上抹醬，則像是妝點了更多口味上的變化。

深受饕客喜愛的私房抹醬：法國芥末籽醬及地中海番茄醬，以及各種起司、奶油等，都可依照個人口味添加塗抹，甚至可以在製作麵包的過程中，將這些醬料加入，又是另一番不同的口味變化。

在法國，一般人會每日購買麵包，有時會吃隔天的麵包，即使變硬了，他們也能自然享受不同的咀嚼口感；但在台灣由於氣候的潮濕，保持新鮮不易，加上一般人無法接受變硬後的撕咬口感，在保存及回烤上，需要做些處理，以保證能享用到最美好的飲食經驗。

首先，不管是購買、還是自己手作麵包，最好都不要存放過多大數，以3、4天的保存時間，最能保留住麵包的新鮮。

在保存上，則請以保鮮膜依每日份量切割分別包好，冰放入冷凍室。以金棍類麵包為例，當需要食用時，不需要提早取出解凍。先將烤箱以180℃預熱10分鐘後關掉，將噴過水的麵包放入悶約6分鐘後取出；取出後麵包會稍變軟，待6分鐘後即會回脆，這時就能悠閒入口享受了。

另外也可使用平底鍋於瓦斯爐上回烤。將蓋上蓋子的平底鍋置於瓦斯爐上開大火熱約1分鐘後，再將噴過水的麵包放入平底鍋、蓋上蓋子轉小火繼續加熱約3分鐘後，熄火，再繼續悶約4分鐘即可取出。

自己動手做出專業級的法國麵包！

烘焙材料、烘焙用具
法國傳統麵包工法：麵團手揉法全圖解
人氣麵包食譜不藏私！做法詳解

烘焙材料

製作法國麵包時，最重要的材料當然就是選用道地的法國麵粉。一般法國人三餐食用的麵包，多為不添加任何其他食材的原味金棍，但是適量搭配選用天然的麥類、果乾、堅果類食材，除了營養上的價值外，也能創造出口感及風味上的各式變化。

法國麵粉

不同於台灣以粗蛋白的含量（筋性）高低，將麵粉區分為高筋、中筋、低筋麵粉；法國則是以麵粉礦物質含量（灰分）來區分，T55 麵粉即是指礦物質含量為 0.55%。本書介紹麵包，除了富貴金棍之外，大部分皆選用 T55麵粉，T55 麵粉的筋度比一般市售中筋麵粉稍高，適合製作出外酥脆、內軟實的法國麵包。

天然酵母：濕酵母

一般市售酵母多為乾酵母粉，因應天然健康的訴求，現在許多烘焙材料行都可買到保存期限短、但更為新鮮的濕酵母。比起現在許多人開始手作天然酵母，濕酵母其實也屬天然酵母，同時還具有穩定度高的優點，能有效地表現麥香味。

粗鹽：岩鹽

正統法國麵包不添加任何改良劑或油、糖等去提味，所以選取保留了礦物質成份的非精製粗鹽，更能相應其健康的訴求。而比起海鹽，岩鹽較不死鹹，且有微微回甘味。

裸麥粉

含有半纖維素的裸麥粉，讓營養升級；微微的酸香，在麵團發酵過程中還能帶出不同風味。不過由於裸麥粉沒有筋度，會影響膨鬆效果，所以比例上不能太高。

麩皮

是小麥在磨製過程中的最外層外皮，含有豐富的膳食纖維並具有抗氧化能力。在麵包製作時，可以直接加入麵團發酵，或是進烤箱前適量沾取，做出不同味覺及視覺上的變化。

雜糧粉

用來製作訴求健康的五穀雜糧類麵包，同樣可以直接加入麵團發酵，或是進烤箱前適量沾取，做出各種口味變化。

各式堅果

富含油脂的這些種子類食物，擁有良好的脂肪、膳食纖維及多種維生素和礦物質，最適合適量加入麵包中製作，提高營養含量。

各式果乾

帶有甜味的各式果乾，可依個人偏好直接加入麵團中長時間發酵，或者在整形時才適量加入提味。甚至可與起司、堅果、蜂蜜等混搭使用。

黑橄欖

黑橄欖是完全成熟才摘取製作的橄欖，加入發酵出的黑橄欖麵團，特別適合做出地中海風味的麵包。

綠橄欖

相較於已成熟才摘取的黑橄欖，綠橄欖是尚未完全成熟就摘取下來醃製，肉質口感上較為緊實、脆口，味道上則偏酸，加入麵團中，可以更加帶出麵包發酵的酸香。

無花果

無花果皮薄無核、肉質鬆軟，在西方飲食中，是很常入菜的食材，同時含有多種氨基酸、維生素及礦物質。做成果乾的無花果，是麵包配料的新潮流。

罌粟籽

具有營養上的高價值，它的味道細緻有內涵，在食用時，非常適合用來搭配需要慢慢品味的紅酒飲用。

卡蒙貝爾起司（Camembert）

源自法國諾曼第地區經典美味的白黴起司，製作成圓餅狀的外形，嘗起來帶有濃郁的氣味與綿密口感。

藍起司（Blue Cheese）

以青黴菌發酵而成、表面帶有一些藍色斑紋的藍起司，特殊的風味可做出非常搶眼的麵包。當然也適合食用時當做抹醬使用。

烘焙用具

其實做麵包時，最重要的用具就是自己那一雙充滿揉（柔）勁的手了！透過全然的投注於雙手之中，那麼，其他的用具就在於輔助功能了。

磅秤
選用計量單位為 l 公克的電子式磅秤。

計時器
協助每階段麵團發酵及烘烤時提醒使用。

刮板
不同形狀及材質的刮板適用不同情形，在鋼盆內揉麵團刮取出時、或切割出佛卡夏的線條時，適合使用圓弧狀刮板；至於在工作檯上刮取麵團時，則適合直線條形刮板；分割麵團時則適合使用刮刀。

溝紋刀
在麵包上劃取割線時使用。

石板
要烘烤出道地的法國麵包,建議一定要在烤盤上加放大小一樣的石板,除了烘焙麵包外,還可以用來烤比薩。可洽烘焙材料行或請石材店代為切割。

烤模
烤法國土司時,選用長度達 20 公分的烤模,一次放入二個麵團烘烤。

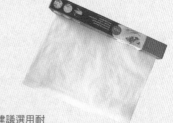

烤盤紙
可方便烤箱清理,建議選用耐熱度可達 250℃的烤盤紙。

不鏽鋼盆
選用寬口徑、且有一定深度的碗形鋼盆(開口直徑約 30 公分),方便手揉麵團、以及冷藏麵團進行低溫發酵時使用。

帆布
鋪在工作檯(流理台)上使用,可避免麵團在發酵或切割及整形作業中變得乾燥。

法國傳統麵包工法：麵團手揉法全圖解

材料：

T55 法國麵粉	500g
水	370ml
天然酵母	6g
岩鹽	10g

攪拌：

1. 用磅秤分別計量材料後，先將水慢慢倒入不鏽鋼盆，接著依序加入天然酵母、岩鹽，最後放入麵粉。
2. 開始用手將材料搓揉混勻，盡量使用指腹力量，揉到成團不黏鋼盆時（約2至5分鐘時間），整團取出放置桌面，並用刮板將盆中剩餘部分一併刮出。

揉麵：

3. 在桌面上繼續用單手揉麵，盡量用手掌腹揉，揉到不見顆粒（約2至5分鐘時間）。
4. 用刮板將麵團整成一團，用鋼盆（或乾淨濕布）蓋住，靜置發酵15分鐘。
5. 移開鋼盆，用刮板將麵團整個朝上撈起約10公分後往下對摺，沿著四周重複一樣的動作四次。翻面時要確認麵團已全部翻過，底部的麵團才能翻到表面進行發酵。最後用刮板從麵團底部邊緣處整個轉一圈，整成圓形。
6. 接著再次用鋼盆蓋住，靜置15分鐘。
7. 重覆5及6步驟共三次，打開鋼盆時，可見麵團變得更光滑了，同時可見氣孔出現。

發酵、冷藏：

8. 將第三次翻好的麵團放入鋼盆中，以保鮮膜封住蓋口，以4℃冷藏進行低溫發酵。發酵時間至少12小時，可長至48小時。若超過48小時，麵團酸味會增加。
9. 當發酵好麵團從冷藏室拿出取用時，要檢查有無滲水（麵團冰入冷藏時，箱壁受冷，麵團會蒸發水氣，箱內會凝結水珠流回麵團上），若有，將水倒掉即可。不須回溫即可接著進行分割作業。

法國金棍
Baguette Française

金棍系列是法國麵包愛好者的入門款,也是學做法國麵包的基本款,最能表現法國麵包外皮薄脆爽口、內裡濕軟 Q 彈,同時麥香陣陣傳來,咀嚼後還會回甘喔!

材料:4 個麵包份量

T55 法國麵粉	500g
水	370ml
天然酵母	6g
岩鹽	10g

作法:

製作麵團

1. 參考 62 頁麵團製作方法,依照本篇材料的分量製作出麵團。

分割

2. 將麵團取出放在舖好帆布並灑上手粉的桌面上,用切麵刀分割成四個麵團,秤取每個麵團約 220 公克。
3. 將切好的麵團稍微整成圓形後,用不鏽鋼盆或濕布蓋上,靜置約 30 分鐘進行第一次發酵後,即可準備整形。

整形、發酵、烘焙

4. 將麵團由上往下對折,並再轉 180 度、再由上往下對折至 2/3 處。
5. 將麵團左右兩邊稍微縮口後再對折,用左手大拇指搭配右手手掌確實對折即可。
6. 雙手壓握在麵團中間,以上下不同方向往兩側搓長,平均滾成二端呈尖形的棍子狀即可。
7. 將整形好的麵團放在帆布上用不鏽鋼盆或濕布蓋上,靜置約 30 分鐘進行第二次發酵。
8. 進烤箱前,以溝紋刀傾斜 45 度在麵團表面斜劃 5 刀。
9. 事先將石板放進烤箱裡的烤盤上以 250℃ 預熱約 30 分鐘後,將麵團放進石板上烘烤,烘焙溫度 200℃,烤約 18–20 分鐘。

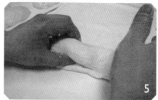

富貴金棍
Baguette Tradition

同樣是金棍麵包的做法，富貴金棍麵包則是採用頂級法國麵粉克朗思克，它的麥香味更為優雅，口感細膩之中還傳來了陣陣鮮奶油般的乳香，是更為 Q 軟香醇的進階版法國麵包。克朗思克麵粉特別選用經過安全認證栽種出來的小麥，食用更為安心。

材料：4 個麵包份量

克朗思克法國麵粉	500g
水	370ml
天然酵母	6g
岩鹽	10g

作法：

製作麵團

1. 參考 62 頁麵團製作方法，依照本篇材料的分量製作出麵團。

分割

2. 將麵團取出放在鋪好帆布並灑上手粉的桌面上，用切麵刀分割成四個麵團，秤取每個麵團約 220 公克。
3. 將切好的麵團稍微整成圓形後，用不鏽鋼盆或濕布蓋上，靜置約 30 分鐘進行第一次發酵後，即可準備整形。

整形、發酵、烘焙

4. 將麵團由上往下對折，並再轉 180 度、再由上往下對折至 2/3 處。
5. 將麵團左右兩邊稍微縮口後再對折，用左手大拇指搭配右手手掌確實對折即可。
6. 最後用兩手手掌平均滾成棍子狀即可。

7. 將整形好的麵團放在帆布上用不鏽鋼盆或濕布蓋上，靜置約 30 分鐘進行第二次發酵。
8. 進烤箱前，以溝紋刀傾斜 45 度在麵團表面斜劃 5 刀。
9. 事先將石板放進烤箱裡的烤盤上以 250℃ 預熱約 30 分鐘後，將麵團放進石板上烘烤，烘焙溫度 200℃，烤約 18–20 分鐘。

黑富貴金棍
Baguette Tradition Seigle

同樣使用更頂級的克朗思克麵粉，再加上含有半纖維素的裸麥粉，讓營養升級；微微的酸香，也創造出不同的風味，適合搭配海鮮類食物及白酒。不過由於裸麥粉沒有筋度，會影響膨鬆效果，所以比例上不能太高。

材料：4 個麵包份量

克朗思克法國麵粉	420g	裸麥粉	80g
水	370ml	黑麥芽粉	4g
天然酵母	6g		
岩鹽	6g		

作法：

製作麵團

1. 參考 62 頁麵團製作，依照本篇材料分量製作麵團。過程中加入酵母和鹽時，接著加入裸麥粉及黑麥芽粉，最後再加入麵粉。

分割

2. 將麵團取出放在鋪好帆布並灑上手粉的桌面上，用切麵刀分割成四個麵團，秤取每個麵團約 220 公克。
3. 將切好的麵團稍微整成橢圓形後，用不鏽鋼盆或濕布蓋上，靜置約 30 分鐘進行第一次發酵後，即可準備整形。

整形、發酵、烘焙

4. 將麵團長邊端對折，微微拉長後，轉 180 度後再由上往下對折至 2/3 處。
5. 將麵團再次微微拉長後，左右兩邊稍微縮口後再對折，用左手大拇指搭配右手手掌確實對折。
6. 最後用兩手手掌平均滾成棍子狀即可。
7. 將整形好的麵團放在帆布上用不鏽鋼盆或濕布蓋上，靜置約 30 分鐘進行第二次發酵。
8. 進烤箱前，以溝紋刀傾斜 45 度在麵團表面斜劃 5 刀。
9. 事先將石板放進烤箱裡的烤盤上以 250℃預熱約 30 分鐘後，將麵團放進石板上烘烤，烘焙溫度 200℃，烤約 18–20 分鐘。

葡萄胡桃杏仁麵包
Le Goûter de l'Alsacien

將講求健康的裸麥麵團，加上胡桃、杏仁等堅果類，除了營養更加分外，也增加咀嚼時的咬勁。搭配沙拉食用，就是完整豐富的一餐。

材料：4 個麵包份量		配料：	
T55 法國麵粉	420g	葡萄	20g
水	370ml	烘焙胡桃	16g
天然酵母	6g	烘焙杏仁	16g
岩鹽	6g		
裸麥粉	80g		

作法：

製作麵團

1. 參考 62 頁麵團製作方法，依照本篇材料的分量製作出麵團。過程中加入酵母和鹽時，接著加入裸麥粉，最後再加入麵粉。

分割

2. 將麵團取出放在舖好帆布並灑上手粉的桌面上，用切麵刀分割成四個麵團，秤取每個麵團約 220 公克。
3. 將切好的麵團稍微整成橢圓形後，用不鏽鋼盆或濕布蓋上，靜置約 30 分鐘進行第一次發酵後，即可準備整形。

整形、發酵、烘焙

4. 將麵團由上往下對折，並在中間放上葡萄 5 公克、烘焙胡桃 4 公克、烘焙杏仁 4 公克；配料可酌量增減。
5. 將麵團左右兩邊稍微縮口後，再對折將餡料包在麵團裡面，最後用左手大拇指搭配右手手掌確實對折即可。
6. 將麵團靜置約 30 分鐘進行第二次發酵。
7. 進烤箱前，以溝紋刀傾斜 45 度在麵團表面斜劃 2 刀。
8. 事先將石板放進烤箱裡的烤盤上以 250℃ 預熱約 30 分鐘後，將麵團放進烤箱烘烤，烘焙溫度 200℃，烤約 18-20 分鐘。

巴黎舞鞋
La Petite Campagne

巴黎舞鞋是金棍麵包的變化版，將長度縮短，做成如舞鞋般豐潤的外型，比金棍多了更多綿密的內裡組織，更能咀嚼到濕軟Q彈的部分。

材料：4 個麵包份量

T55 法國麵粉	500g
水	370ml
天然酵母	6g
岩鹽	10g

作法：

製作麵團

1. 參考 62 頁麵團製作方法，依照本篇材料的分量製作出麵團。

分割

2. 將麵團取出放在舖好帆布並灑上手粉的桌面上，用切麵刀分割成四個麵團，秤取每個麵團約 220 公克。
3. 將切好的麵團稍微整成圓形後，用不鏽鋼盆或濕布蓋上，靜置約 30 分鐘進行第一次發酵後，即可準備整形。

整形、發酵、烘焙

4. 將麵團由上往下對折，並再轉 180 度再由上往下對折至 2/3 處。
5. 將麵團左右兩邊稍微縮口後再對折，用左手大拇指搭配右手手掌確實對折即可。
6. 將整形好的麵團放在帆布上用不鏽鋼盆或濕布蓋上，靜置約 30 分鐘進行第二次發酵。
7. 進烤箱前，以溝紋刀傾斜 45 度在麵團表面斜劃 1 刀。
8. 事先將石板放進烤箱裡的烤盤上以 250℃預熱約 30 分鐘後，將麵團放進石板上烘烤，烘焙溫度 200℃，烤約 18–20 分鐘。

白芝麻麵包
Pain Aux Sésames

將巴黎舞鞋的麵團加上了白芝麻，變化出不同的味覺及口感。在烘烤過程中，芝麻濃郁的
香氣和麥香味完美的混搭在一起。

———— •••• ————

材料：4 個麵包份量 　　　　　　　配料：

T55 法國麵粉	500g	白芝麻	適量
水	370ml		
天然酵母	6g		
岩鹽	10g		

作法：

<u>製作麵團</u>

1. 參考 62 頁麵團製作方法，依照本篇材料的分量製作出麵團。

<u>分割</u>

2. 將麵團取出放在舖好帆布並灑上手粉的桌面上，用切麵刀分割成四個麵團，秤取每個
   麵團約 220 公克。
3. 將切好的麵團稍微整成圓形後，用不鏽鋼盆或濕布蓋上，靜置約 30 分鐘進行第一次
   發酵後，即可準備整形。

<u>整形、發酵、烘焙</u>

4. 將麵團由上往下對折，並再轉 180 度再由上往下對折至 2/3 處。
5. 將麵團左右兩邊稍微縮口後再對折，用左手大拇指搭配右手手掌確實對折即可。
6. 用噴水器在麵團表面上噴點水，拿起麵團倒蓋在白芝麻上沾取即可。
7. 將麵團放在帆布上用不鏽鋼盆或濕布蓋上，靜置約 30 分鐘進行第二次發酵。
8. 進烤箱前，以溝紋刀傾斜 45 度在麵團表面斜劃 1 刀。
9. 事先將石板放進烤箱裡的烤盤上以 250℃ 預熱約 30 分鐘後，將麵團放進石板上烘烤，
   烘焙溫度 200℃，烤約 18–20 分鐘。

———— •••• ————

罌粟籽麵包
La Pavotière

除了芝麻之外，也能嘗試自己變化搭配不同的配料。罌粟籽具有營養上的高價值，它的味道雖不若芝麻那麼搶眼，但是它的細緻內涵，在食用時，非常適合用來搭配紅酒飲用。

材料：4 個麵包份量		配料：	
T55 法國麵粉	500g	罌粟籽	適量
水	370ml		
天然酵母	6g		
岩鹽	10g		

作法：

製作麵團

1. 參考 62 頁麵團製作方法，依照本篇材料的分量製作出麵團。

分割

2. 將麵團取出放在鋪好帆布並灑上手粉的桌面上，用切麵刀分割成四個麵團，秤取每個麵團約 220 公克。
3. 將切好的麵團稍微整成圓形後，用不鏽鋼盆或濕布蓋上，靜置約 30 分鐘進行第一次發酵後，即可準備整形。

整形、發酵、烘焙

4. 將麵團由上往下對折，並再轉 180 度再由上往下對折至 2/3 處。
5. 將麵團左右兩邊稍微縮口後再對折，用左手大拇指搭配右手手掌確實對折即可。
6. 用噴水器在麵團表面上噴點水，拿起麵團倒蓋在罌粟籽上沾取即可。
7. 將麵團放在帆布上用不鏽鋼盆或濕布蓋上，靜置約 30 分鐘進行第二次發酵。
8. 進烤箱前，以溝紋刀傾斜 45 度在麵團表面斜劃 1 刀。
9. 事先將石板放進烤箱裡的烤盤上以 250℃預熱約 30 分鐘後，將麵團放進石板上烘烤，烘焙溫度 200℃，烤約 18–20 分鐘。

罌粟籽金棍
La Pavotière en Épi

是罌粟籽加上金棍麵團的變化型，將麵團剪成麥穗形狀，除了增添的花樣讓人賞心之外，烘烤表面積的增加，也讓它嘗起來口感更香脆帶勁。

材料：4 個麵包份量

T55 法國麵粉	500g
水	370ml
天然酵母	6g
岩鹽	10g

配料：

| 罌粟籽 | 適量 |

6

7

8

作法：

製作麵團

1. 參考 62 頁麵團製作方法，依照本篇材料的分量製作出麵團。

分割

2. 將麵團取出放在鋪好帆布並灑上手粉的桌面上，用切麵刀分割成四個麵團，秤取每個麵團約 220 公克。
3. 將切好的麵團稍微整成圓形後，用不鏽鋼盆或濕布蓋上，靜置約 30 分鐘進行第一次發酵後，即可準備整形。

8

整形、發酵、烘焙

4. 將麵團由上往下對折，並再轉 180 度再由上往下對折至 2/3 處。
5. 將麵團左右兩邊稍微縮口後再對折，用左手大拇指搭配右手手掌確實對折即可。
6. 雙手壓握在麵團中間，以上下不同方向往兩側搓長，平均滾成二端呈尖形的棍子狀即可。
7. 用噴水器在麵團表面上噴點水，拿起麵團倒蓋在罌粟籽上適量沾取後，放在鋪好烘焙紙的烤盤上。
8. 用剪刀傾斜 15 度從上至下剪出五刀。第一刀剪下時，將裁剪部分往左推去；第二刀剪下時，將裁剪部分往右推去，依此類推。
9. 將麵團用不鏽鋼盆或濕布蓋上，靜置約 30 分鐘進行第二次發酵。事先將烤箱以 250℃ 預熱約 30 分鐘後，將麵團放進烤箱烘烤，烘焙溫度 200℃，烤約 16–18 分鐘。

8

養生吐司
Pain de Mie Traditionnel

完全不添加奶和蛋的全素吐司,經過較長時間的發酵,整個烘烤出來外皮更加薄脆、內裡更加鬆軟。搭配任何果醬或抹醬都不失色。

材料:4 個麵包份量

T55 法國麵粉	500g
水	370ml
天然酵母	6g
岩鹽	10g

作法:

製作麵團

1. 參考 62 頁麵團製作方法,依照本篇材料的分量製作出麵團。

分割

2. 將麵團取出放在舖好帆布並灑上手粉的桌面上,用切麵刀分割成四個麵團,秤取每個麵團約 220 公克。

3. 將切好的麵團稍微整成圓形後,用不鏽鋼盆或濕布蓋上,靜置約 30 分鐘進行第一次發酵後,即可準備整形。

整形、發酵、烘焙

4. 準備好 20 公分長的烤模並噴上烤模油。

5. 將切好的麵團再分割成二個,並稍微整成圓形後,直接放入烤模裡即可。

6. 將麵團靜置約 150 分鐘進行第二次發酵(發酵至麵團長大約超過烤模 0.5 公分即可)。

7. 事先將石板放進烤箱裡的烤盤上以 250℃預熱約 30 分鐘後,將麵團連同烤模放進石板上烘烤,烘焙溫度 200℃,烤約 18–20 分鐘。

小巴黎
Le Petit Paris

來自法國的卡蒙貝爾起司，具有濃濃奶香味，烘烤時奶香滲入整個麵包，增添它豐郁的香氣。適合搭配紅酒一起食用。

材料：4 個麵包份量

T55 法國麵粉	500g
水	370ml
天然酵母	6g
岩鹽	10g

配料：

卡蒙貝爾起司	160g

作法：

製作麵團

1. 參考 62 頁麵團製作方法，依照本篇材料的分量製作出麵團。

分割

2. 將麵團取出放在舖好帆布並灑上手粉的桌面上，用切麵刀分割成四個麵團，秤取每個麵團約 220 公克。
3. 將切好的麵團稍微整成圓形後，用不鏽鋼盆或濕布蓋上，靜置約 30 分鐘進行第一次發酵後，即可準備整形。

整形、發酵、烘焙

4. 事先將卡蒙貝爾（Camembert）起司切成厚度約 0.5 公分的薄片，一片重約 20 公克。
5. 麵團稍微整成長形後，將兩片卡蒙貝爾起司分開鋪在麵團的上下方位置。
6. 將麵團由上往下折起，第一折先將麵團蓋住第一片起司，再依序往下捲到第二片起司之後稍微縮左右兩邊麵團的開口，再用左手大拇指搭配右手手掌確實對折即可。
7. 將麵團放在帆布上用不鏽鋼盆或濕布蓋上，靜置約 30 分鐘進行第二次發酵。
8. 進烤箱前，以溝紋刀傾斜 45 度在麵團表面斜劃 2 刀。
9. 事先將石板放進烤箱裡的烤盤上以 250℃ 預熱約 30 分鐘後，將麵團放進石板上烘烤，烘焙溫度 200℃，烤約 18–20 分鐘。

藍色列車
Le Train Bleu

以青黴菌發酵而成、表面帶有一些藍色斑紋的藍起司，特殊的風味非常適合搭配白酒飲用。
味道偏鹹的藍起司，加上了葡萄乾的甜味，合奏傳遞出引人一探的有趣味覺。

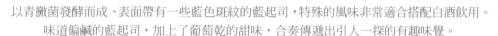

材料：4 個麵包份量

T55 法國麵粉	500g
水	370ml
天然酵母	6g
岩鹽	10g

配料：

藍起司	80g
葡萄乾	40g

作法：

製作麵團

1. 參考 62 頁麵團製作方法，依照本篇材料的分量製作出麵團。

分割

2. 將麵團取出放在鋪好帆布並灑上手粉的桌面上，用切麵刀分割成四個麵團，秤取每個麵團約 220 公克。
3. 將切好的麵團稍微整成圓形後，用不鏽鋼盆或濕布蓋上，靜置約 30 分鐘進行第一次發酵後，即可準備整形。

整形、發酵、烘焙

4. 將切碎的藍起司（blue cheese）20 公克和葡萄乾 10 公克平鋪在麵團上；配料可酌量增減。
5. 將麵團由上往下捲起，麵團捲到約保留 3-4 公分處，稍微縮左右兩邊麵團的開口，再用左手大拇指搭配右手手掌確實對折即可。
6. 將麵團放在帆布上用不鏽鋼盆或濕布蓋上，靜置約 30 分鐘進行第二次發酵。
7. 進烤箱前，以溝紋刀傾斜 45 度在麵團表面斜劃 2 刀。
8. 事先將石板放進烤箱裡的烤盤上以 250℃ 預熱約 30 分鐘後，將麵團放進石板上烘烤，烘焙溫度 200℃，烤約 18–20 分鐘。

芥末籽脆腸麵包
Le Régal De Dijon

私房推出的法國芥末籽醬，一向深受喜愛，適合塗抹各式金棍麵包。這款麵包大量使用該醬料，還加上了味道及口感亦屬強烈的洋蔥及脆腸，以瘦長的麵團成型，份量不大，適合作為餐前的開胃小品，搭配啤酒也很讚！

材料：8 個麵包份量

		配料：	
T55 法國麵粉	500g	法國芥茉籽醬	160g
水	370ml	洋蔥	1 顆
天然酵母	6g	德國脆腸	4 條
岩鹽	10g		

作法：

製作麵團

1. 參考 62 頁麵團製作方法，依照本篇材料的分量製作出麵團。

分割

2. 將麵團取出放在鋪好帆布並灑上手粉的桌面上，用切麵刀分割成四個麵團，秤取每個麵團約 220 公克。
3. 將切好的麵團稍微整成圓形後，用不鏽鋼盆或濕布蓋上，靜置約 30 分鐘進行第一次發酵後，即可準備整形。

整形、發酵、烘焙

4. 將發酵好的麵團稍微整形拉成橢圓形，再使用切麵刀對切一半拉長約 25 公分。
5. 使用抹刀均勻抹上約 20 公克的法國芥茉子醬，再均勻鋪上切成絲的洋蔥，並放上對切一半的德國脆腸。
6. 將麵團黏起捏緊後，不需進行第二次發酵可直接烤焙。
7. 事先將石板放進烤箱裡的烤盤上以 250℃ 預熱約 30 分鐘後，將麵團折線朝下放進石板上烘烤，烘焙溫度 200℃，烤約 18–20 分鐘。

原野風情
Le Délice Des Prairies

小麥麩皮含有豐富的膳食纖維並具有抗氧化能力、蔓越莓則是天然的抗生素，這款麵包訴求的就是它的高營養價值，蔓越莓的酸香則讓麵團在發酵過程中，產生了新鮮變化，當然也創造了豐富的口感及風味。適合搭配紅酒食用。

材料：5個麵包份量

T55 法國麵粉	500g	麩皮	50g
水	370ml	蔓越莓	125g
天然酵母	6g		
岩鹽	10g		

作法：

製作麵團

1. 參考 62 頁麵團製作方法，依照本篇材料的分量製作出麵團。過程中加入酵母和鹽時，接著加入麩皮及蔓越莓，最後再加入麵粉。

分割

2. 將麵團取出放在鋪好帆布並灑上手粉的桌面上，用切麵刀分割成五個麵團，秤取每個麵團約 210 公克。
3. 將切好的麵團稍微整成圓形後，用不鏽鋼盆或濕布蓋上，靜置約 30 分鐘進行第一次發酵後，即可準備整形。

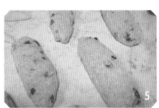

整形、發酵、烘焙

4. 將麵團由上往下對折，並再轉 180 度再由上往下對折至 2/3 處。
5. 將麵團左右兩邊稍微縮口後再對折，用左手大拇指搭配右手手掌確實對折即可。
6. 將麵團放在帆布上用不鏽鋼盆或濕布蓋上，靜置約 30 分鐘進行第二次發酵。
7. 進烤箱前，以溝紋刀傾斜 45 度在麵團表面斜劃 2 刀。
8. 事先將石板放進烤箱裡的烤盤上以 250℃ 預熱約 30 分鐘後，將麵團放進石板上烘烤，烘焙溫度 200℃，烤約 18–20 分鐘。

金黃無花果
La Figue D'or

無花果皮薄無核、肉質鬆軟，在西方飲食中，是很常入菜的食材，同時含有多種氨基酸、維生素及礦物質。做成果乾的無花果，是麵包配料的新潮流。

材料：4 個麵包份量

T55 法國麵粉	500g
水	370ml
天然酵母	6g
岩鹽	10g

配料：

無花果	240g

作法：

製作麵團

1. 參考 62 頁麵團製作方法，依照本篇材料的分量製作出麵團。過程中加入酵母和鹽時，接著加入有機無花果，最後再加入麵粉。

分割

2. 將麵團取出放在鋪好帆布並灑上手粉的桌面上，用切麵刀分割成四個麵團，秤取每個麵團約 220 公克。
3. 將切好的麵團稍微整成圓形後，用不鏽鋼盆或濕布蓋上，靜置約 30 分鐘進行第一次發酵後，即可準備整形。

整形、發酵、烘焙

4. 將無花果切塊後，60 公克平鋪在麵團上；配料可酌量增減。
5. 將麵團由上往下捲起，麵團捲到約保留 3-4 公分處，稍微縮左右兩邊麵團的開口，再用左手大拇指搭配右手手掌確實對折即可。
6. 將麵團放在帆布上用不鏽鋼盆或濕布蓋上，靜置約 30 分鐘進行第二次發酵。
7. 進烤箱前，以溝紋刀傾斜 45 度在麵團表面斜劃 2 刀。
8. 事先將石板放進烤箱裡的烤盤上以 250℃預熱約 30 分鐘後，將麵團放進石板上烘烤，烘焙溫度 200℃，烤約 18–20 分鐘。

普羅旺斯
La Provence

地中海番茄乾，向來是最受饕客喜愛的私房醬料。這款麵包的特色，就在於內餡直接就吃得到紮實的番茄乾，加上黑橄欖風味的麵團，充滿了濃濃地中海風味。夏日傍晚，不妨以此款麵包搭配沙拉食用，若再搭配一杯冰鎮後的粉紅酒，不但消暑且爽口宜人。

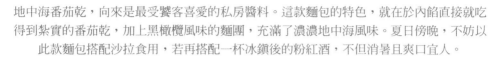

材料：4 個麵包份量

T55 法國麵粉	500g
水	350ml
天然酵母	10g
岩鹽	8g
黑橄欖片	40g

配料：

番茄乾	8 片

作法：

製作麵團

1. 參考 62 頁麵團製作方法，依照本篇材料的分量製作出麵團。過程中加入酵母和鹽時，接著加入黑橄欖片，最後再加入麵粉。

分割

2. 將麵團取出放在舖好帆布並灑上手粉的桌面上，用切麵刀分割成四個麵團，秤取每個麵團約 225 公克。
3. 將切好的麵團稍微整成圓形後，用不鏽鋼盆或濕布蓋上，靜置約 30 分鐘進行第一次發酵後，即可準備整形。

整形、發酵、烘焙

4. 將麵團由上往下對折，並在中間放上兩片番茄乾，再將麵團左右兩邊稍微縮口後，對折將番茄乾包在麵團裡面，最後使用左手大拇指搭配右手手掌確實對折即可。
5. 將麵團放在帆布上用不鏽鋼盆或濕布蓋上，靜置約 30 分鐘進行第二次發酵。
6. 進烤箱前，以溝紋刀傾斜 45 度在麵團表面斜劃 2 刀。
7. 事先將石板放進烤箱裡的烤盤上以 250℃ 預熱約 30 分鐘後，將麵團放進石板上烘烤，烘焙溫度 200℃，烤約 18–20 分鐘。

黑橄欖金棍
Baguette Aux Olives Noires

盛產橄欖的地中海區，每到秋季採收、榨製時節，空氣中總傳來天然的多酚香氣。黑橄欖是完全成熟才摘取製作的橄欖，加入發酵出的黑橄欖麵團，可以創造多種的變化做法。

材料：4 個麵包份量

T55 法國麵粉	500g
水	350ml
天然酵母	10g
岩鹽	8g
黑橄欖片	80g

作法：

製作麵團

1. 參考 62 頁麵團製作方法，依照本篇材料的分量製作出麵團。過程中加入酵母和鹽時，接著加入黑橄欖片，最後再加入麵粉。

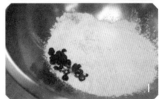

分割

2. 將麵團取出放在鋪好帆布並灑上手粉的桌面上，用切麵刀分割成四個麵團，秤取每個麵團約 230 公克。
3. 將切好的麵團稍微整成圓形後，用不鏽鋼盆或濕布蓋上，靜置約 30 分鐘進行第一次發酵後，即可準備整形。

整形、發酵、烘焙

4. 將麵團由上往下對折，轉 180 度後再由上往下對折一次。
5. 麵團左右兩邊稍微縮口後再對折，用左手大拇指搭配右手手掌確實對折。
6. 最後用兩手手掌平均滾成長棍狀即可。
7. 將麵團放在帆布上用不鏽鋼盆或濕布蓋上，靜置約 30 分鐘進行第二次發酵。

8. 進烤箱前，以溝紋刀傾斜 45 度在麵團表面斜劃 5 刀。
9. 事先將石板放進烤箱裡的烤盤上以 250℃預熱約 30 分鐘後，將麵團放進石板上烘烤，烘焙溫度 200℃，烤約 18–20 分鐘。

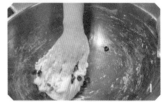

黑橄欖鹹豬肉麵包
Saveur Auvergnate

黑橄欖系列麵包中，人氣最旺的創意選擇。選用醃製過的鹹豬肉，五香、黑胡椒及黑橄欖風味混搭成一款老少咸宜的首選。

———◆•◆•◆———

材料：4 個麵包份量

T55 法國麵粉	500g
水	350ml
天然酵母	10g
岩鹽	8g
黑橄欖片	40g

配料：

鹹豬肉	80g
乾燥蒜粉	適量
黑胡椒粒	適量
岩鹽	適量

作法：

製作麵團

1. 參考 62 頁麵團製作方法，依照本篇材料的分量製作出麵團。過程中加入酵母和鹽時，接著加入黑橄欖片，最後再加入麵粉。

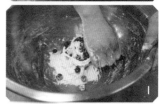

分割

2. 將麵團取出放在舖好帆布並灑上手粉的桌面上，用切麵刀分割成四個麵團，秤取每個麵團約 225 公克。
3. 將切好的麵團稍微整成圓形後，用个鏽鋼盆或濕布蓋上，靜置約 30 分鐘進行第一次發酵後，即可準備整形。

整形、發酵、烘焙

4. 將鹹豬肉切丁炒熟，於麵團上平均鋪上約 20 公克的鹹豬肉，並灑上乾燥蒜粉。
5. 麵團由上往下捲起，麵團捲到約保留 3-4 公分處，稍微縮左右兩邊麵團的開口，再用左手大拇指搭配右手手掌確實對折即可。
6. 將麵團放在帆布上用不鏽鋼盆或濕布蓋上，靜置約 30 分鐘進行第二次發酵。
7. 烤焙前先在麵團上噴點水，並灑上薄薄一層黑胡椒粒及適量鹽巴，並以溝紋刀傾斜 45 度在麵團表面斜劃 2 刀。
8. 事先將石板放進烤箱裡的烤盤上以 250℃預熱約 30 分鐘後，將麵團放進石板上烘烤，烘焙溫度 200℃，烤約 18–20 分鐘。

———◆•◆•◆———

愛戀巧克力
Le Petit Péché

高營養價值的胡桃及巧克力豆搭配創造出的麵團，經過長時間發酵後的風味，讓麵包吃起來甜而不膩，適合搭配咖啡飲用。

材料：4 個麵包份量

T55 法國麵粉	500g	烘焙胡桃	100g
水	380ml	巧克力豆	60g
天然酵母	10g		
岩鹽	10g		

作法：

製作麵團

1. 參考 62 頁麵團製作方法，依照本篇材料的分量製作出麵團。過程中加入酵母和鹽時，接著加入烘焙胡桃，最後再加入麵粉。
2. 在麵團充分手揉、已沒有任何麵粉顆粒後，再將巧克力豆加入，繼續攪拌均勻即可。

分割

3. 將麵團取出放在鋪好帆布並灑上手粉的桌面上，用切麵刀分割成四個麵團，秤取每個麵團約 260 公克。
4. 將切好的麵團稍微整成圓形後，用不鏽鋼盆或濕布蓋上，靜置約 30 分鐘進行第一次發酵後，即可準備整形。

整形、發酵、烘焙

5. 將麵團由上往下對折，轉 180 度後再由上往下對折至 2/3 處。
6. 麵團左右兩邊稍微縮口後再對折，用左手大拇指搭配右手手掌確實對折即可。
7. 將麵團放在帆布上用不鏽鋼盆或濕布蓋上，靜置約 30 分鐘進行第二次發酵。
8. 進烤箱前，以溝紋刀傾斜 45 度在麵團表面斜劃 2 刀。
9. 事先將石板放進烤箱裡的烤盤上以 250℃預熱約 30 分鐘後，將麵團放進石板上烘烤，烘焙溫度 200℃，烤約 18–20 分鐘。

原味佛卡夏
Fugasse

佛卡夏是義大利的經典麵包，特色是加了豐富的橄欖油。利用高溫、短時間的烘烤後，麵包仍保有軟實口感，且口齒留香。

材料：5 個麵包份量

T55 法國麵粉	500g
水	300ml
天然酵母	10g
岩鹽	10g
橄欖油	75g
義式香料	3g

配料：

綠橄欖片	適量
橄欖油	適量

作法：

製作麵團

1. 參考 62 頁麵團製作方法，依照本篇材料的分量製作出麵團。過程中加入酵母和鹽時，接著加入義式香料和橄欖油，最後再加入麵粉。

分割

2. 將麵團取出放在舖好帆布並灑上手粉的桌面上，用切麵刀分割成五個麵團，秤取每個麵團約 180 公克。
3. 將切好的麵團稍微整成圓形後，用不鏽鋼盆或濕布蓋上，靜置約 30 分鐘進行第一次發酵後，即可準備整形。

整形、發酵、烘焙

4. 將桿麵棍及麵團表面稍微沾點手粉，桿麵棍從麵團中端開始，一上一下把麵團桿成橢圓狀。
5. 用刮板分別在麵團的左邊及右邊押上五條割線，再用雙手把麵團微微撐開，割線會比較明顯。
6. 將麵團放在帆布上用不鏽鋼盆或濕布蓋上，靜置約 60 分鐘進行第二次發酵。發酵完成後、進烤箱前，適量放上綠橄欖片點綴。

7. 事先將石板放進烤箱裡的烤盤上以 250℃預熱約 30 分鐘後，將麵團放進石板上烘烤，烘焙溫度 200℃，烤約 9 分鐘，出爐後立即在表面刷上一層橄欖油即可。

米蘭佛卡夏
Le Milanais

將佛卡夏麵包創意地加上各式紅、綠、黃配料，幾乎已是一餐所需的營養及熱量，同時也是饕客的高人氣選擇！

— ••• —

材料：5 個麵包份量

T55 法國麵粉	500g
水	300ml
天然酵母	10g
岩鹽	10g
橄欖油	75g
義式香料	3g

配料：

起司	適量
洋蔥	適量
青椒	適量
紅椒	適量
番茄	5 片
番茄乾	5 片

作法：

製作麵團

1. 參考 62 頁麵團製作方法，依照本篇材料的分量製作出麵團。過程中加入酵母和鹽時，接著加入義式香料和橄欖油，最後再加入麵粉。

分割

2. 將麵團取出放在舖好帆布並灑上手粉的桌面上，用切麵刀分割成五個麵團，秤取每個麵團約 180 公克。
3. 將切好的麵團稍微整成圓形後，用不鏽鋼盆或濕布蓋上，靜置約 30 分鐘進行第一次發酵後，即可準備整形。

整形、發酵、烘焙

4. 將桿麵棍及麵團表面稍微沾點手粉，桿麵棍從麵團中端開始，一上一下把麵團桿成圓形。
5. 將麵團放在帆布上用不鏽鋼盆或濕布蓋上，靜置約 60 分鐘進行第二次發酵。
6. 將起司、洋蔥、青椒及紅椒切絲，番茄切片備好。
7. 發酵完成後，依序在麵團上鋪上一層起司絲、洋蔥絲、青／紅椒絲、番茄一片、地中海番茄乾一片，接著再一層起司絲，最後灑上一點義式香料提味即可。
8. 事先將石板放進烤箱裡的烤盤上以 250℃預熱約 30 分鐘後，將麵團放進石板上烘烤，烘焙溫度 200℃，烤約 9 分鐘，出爐後立即在表面刷上一層橄欖油即可。

— ••• —

起司麵包
Pain Au Fromage

將雙色起司丁混入麵團中製作，讓起司融入麵團發酵，乳香及麥香搭配得宜之外，烘烤後
的麵包卻仍吃得出起司滋滋有味的口感。可搭配各類酒食用。

材料：4 個麵包份量

T55 法國麵粉	500g
水	360ml
天然酵母	10g
岩鹽	10g
雙色起司丁	125g

作法：

製作麵團

1. 參考 62 頁麵團製作方法，依照本篇材料的分量製作出麵團。
2. 在麵團充分手揉、已沒有任何麵粉顆粒後，再將雙色起司丁加入，繼續攪拌至均勻即可。

分割

3. 將麵團取出放在鋪好帆布並灑上手粉的桌面上，用切麵刀分割成四個麵團，秤取每個麵團約 250 公克。
4. 將切好的麵團稍微整成圓形後，用不鏽鋼盆或濕布蓋上，靜置約 30 分鐘進行第一次發酵後，即可準備整形。

整形、發酵、烘焙

5. 將麵團由上往下對折，轉 180 度後再由上往下對折至 2/3 處。
6. 麵團左右兩邊稍微縮口後再對折，用左手大拇指搭配右手手掌確實對折即可。
7. 將麵團放在帆布上用不鏽鋼盆或濕布蓋上，靜置約 30 分鐘進行第二次發酵。
8. 進烤箱前，以溝紋刀傾斜 45 度在麵團表面斜劃 2 刀。
9. 事先將石板放進烤箱裡的烤盤上以 250℃預熱約 30 分鐘後，將麵團放進石板上烘烤，烘焙溫度 200℃，烤約 18–20 分鐘。

綠橄欖金棍

Baguette Aux Olives Vertes

相較於已成熟才摘取的黑橄欖，綠橄欖是尚未完全成熟就摘取下來醃製，肉質口感上較爲緊實、脆口，味道上則偏酸，可以更加帶出麵包發酵的酸香。

材料：4 個麵包份量

T55 法國麵粉	500g
水	350ml
天然酵母	10g
岩鹽	8g
綠橄欖片	100g

作法：

製作麵團

1. 參考 62 頁麵團製作方法，依照本篇材料的分量製作出麵團。
2. 在麵團充分手揉、已沒有任何麵粉顆粒後，再將綠橄欖片加入，繼續攪拌至均勻即可。

分割

3. 將麵團取出放在舖好帆布並灑上手粉的桌面上，用切麵刀分割成四個麵團，秤取每個麵團約 240 公克。
4. 將切好的麵團稍微整成圓形後，用不鏽鋼盆或濕布蓋上，靜置約 30 分鐘進行第一次發酵後，即可準備整形。

整形、發酵、烘焙

5. 將麵團由上往下對折後，轉 180 度再由上往下對折。
6. 將麵團左右兩邊稍微縮口後再對折，再用左手大拇指搭配右手手掌確實對折。
7. 最後用兩手手掌平均滾成棍子狀即可。
8. 將麵團放在帆布上用不鏽鋼盆或濕布蓋上，靜置約 30 分鐘進行第二次發酵。
9. 進烤箱前，以溝紋刀傾斜 45 度在麵團表面斜劃 5 刀。
10. 事先將石板放進烤箱裡的烤盤上以 250℃預熱約 30 分鐘後，將麵團放進石板上烘烤，烘焙溫度 200℃，烤約 18–20 分鐘。

綠橄欖起司麵包
Le Marseillais

是酸香味的綠橄欖麵團和乳香味的起司丁，合奏出的麵包變奏曲。

材料：4 個麵包份量

T55 法國麵粉	500g
水	350ml
天然酵母	10g
岩鹽	8g
綠橄欖片	100g

配料：

雙色起司丁	80g

作法：

製作麵團

1. 參考 62 頁麵團製作方法，依照本篇材料的分量製作出麵團。
2. 在麵團充分手揉、已沒有任何麵粉顆粒後，再將綠橄欖片加入，繼續攪拌至均勻即可。

分割

3. 將麵團取出放在鋪好帆布並灑上手粉的桌面上，用切麵刀分割成四個麵團，秤取每個麵團約 240 公克。
4. 將切好的麵團稍微整成圓形後，用不鏽鋼盆或濕布蓋上，靜置約 30 分鐘進行第一次發酵後，即可準備整形。

整形、發酵、烘焙

5. 將麵團由上往下對折，並在中間放上雙色起司丁約 20 公克，將麵團左右兩邊稍微縮口，再對折將起司丁包在麵團裡面，最後用左手大拇指搭配右手手掌確實對折即可。
6. 將麵團放在帆布上用不鏽鋼盆或濕布蓋上，靜置約 30 分鐘進行第二次發酵。
7. 進烤箱前，以溝紋刀傾斜 45 度在麵團表面斜劃 2 刀。
8. 事先將石板放進烤箱裡的烤盤上以 250℃預熱約 30 分鐘後，將麵團放進石板上烘烤，烘焙溫度 200℃，烤約 18–20 分鐘。

蜜蜂窩
Le Nid d'Abeille

加上蜂蜜及麩皮製作的麵包，口味微甜但不膩，適合佐以紅茶，當作午後能量的補充。

材料：4 個麵包份量

T55 法國麵粉	500g
水	350ml
天然酵母	10g
岩鹽	10g
麩皮	50g
蜂蜜	40g

配料：

麩皮	適量

作法：

製作麵團

1. 參考 62 頁麵團製作方法，依照本篇材料的分量製作出麵團。過程中加入酵母和鹽時，接著加入麩皮和蜂蜜，最後再加入麵粉。

分割

2. 將麵團取出放在舖好帆布並灑上手粉的桌面上，用切麵刀分割成四個麵團，秤取每個麵團約 240 公克。
3. 將切好的麵團稍微整成圓形後，用不鏽鋼盆或濕布蓋上，靜置約 30 分鐘進行第一次發酵後，即可準備整形。

整形、發酵、烘焙

4. 將麵團整成圓形狀，用不鏽鋼盆或濕布蓋上，靜置約 30 分鐘進行第二次發酵。
5. 進烤箱前，用噴水器在麵團表面上噴點水，拿起麵團倒蓋在麩皮上適量沾取，並以溝紋刀在麵團表面劃上呈十字狀的 2 刀。
6. 事先將石板放進烤箱裡的烤盤上以 250℃ 預熱約 30 分鐘後，將麵團放進石板上烘烤，烘焙溫度 200℃，烤約 18–20 分鐘。

香柚美人
Parfums d'Asie

除了蜂蜜外，再加上蜜處理的柚子丁，更適合喜愛甜點又擔心高熱量的朋友作爲下午茶搭
配享用。

材料：4 個麵包份量

T55 法國麵粉	500g	蜂蜜	50g
水	270ml	天然蜜處理柚子丁	125g
天然酵母	14g		
岩鹽	10g		

作法：

製作麵團

1. 參考 62 頁麵團製作方法，依照本篇材料的分量製作出麵團。過程中加入酵母和鹽時，
   接著加入柚子丁和蜂蜜，最後再加入麵粉。

分割

2. 將麵團取出放在鋪好帆布並灑上手粉的桌面上，用切麵刀分割成四個麵團，秤取每個
   麵團約 240 公克。
3. 將切好的麵團稍微整成圓形後，用不鏽鋼盆或濕布蓋上，靜置約 30 分鐘進行第一次
   發酵後，即可準備整形。

整形、發酵、烘焙

4. 將麵團由上往下對折，轉 180 度後再由上往下對折至 2/3 處。
5. 麵團左右兩邊稍微縮口後再對折，用左手大拇指搭配右手手掌確實對折即可。
6. 將麵團放在帆布上用不鏽鋼盆或濕布蓋上，靜置約 30 分鐘進行第二次發酵。
7. 進烤箱前，以溝紋刀傾斜 45 度在麵團表面斜劃 2 刀。
8. 事先將石板放進烤箱裡的烤盤上以 250℃預熱約 30 分鐘後，將麵團放進石板上烘烤，
   烘焙溫度 200℃，烤約 18–20 分鐘。

左岸軟法系列
Rive Gauche

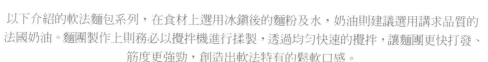

以下介紹的軟法麵包系列，在食材上選用冰鎮後的麵粉及水，奶油則建議選用講求品質的法國奶油。麵團製作上則務必以攪拌機進行揉製，透過均勻快速的攪拌，讓麵團更快打發、筋度更強勁，創造出軟法特有的鬆軟口感。

材料：

T55 法國麵粉（冰鎮）*	500g
冰水 **	280ml
天然酵母	30g
岩鹽	10g
砂糖	70g
全蛋	2 顆
奶油	80g

* 將麵粉置於 4°C 冷藏至少二小時後使用。
** 將水置於 4°C 冷藏至少二小時後使用。

攪拌機麵團作法：

1. 用磅秤分別計量材料後，先將 2 顆蛋打入攪拌缸盆裡，接著將水慢慢倒入，接著依序加入天然酵母、岩鹽、糖，最後再加入麵粉，開啟攪拌機進行攪拌。
2. 將奶油片切成約 5x5cm 塊狀備用。
3. 攪拌缸裡材料完全混合後，關掉電源，將切塊奶油加入，繼續啟動電源攪拌麵團，直到聽到麵團拍打攪拌缸的聲音，關掉電源後檢查麵團表面呈光滑狀，才算完成，否則需繼續攪拌。
4. 將麵團刮到桌面上，用鋼盆或濕布蓋上靜置發酵 30 分鐘。
5. 將麵團放入鋼盆中並以保鮮膜封住蓋口，以 4°C 冷藏進行低溫發酵，發酵時間至少 12 小時，可長至 48 小時。若超過 48 小時，麵團酸味會增加。
6. 當發酵好麵團從冷藏室拿出取用時，要檢查有無滲水（麵團冰入冷藏時，箱壁受冷，麵團會蒸發水氣，箱內會凝結水珠流回麵團上），若有，將水倒掉即可。

法國土司
Pain De Mie Brioché

材料：3 個麵包份量

T55 法國麵粉（冰鎮）	500g
冰水	280ml
天然酵母	40g
岩鹽	10g
砂糖	80g
全蛋	2 顆
奶油	90g

配料：

蛋汁	適量

作法：

製作麵團

1. 參考 115 頁麵團製作方法，依照本篇材料的分量製作出麵團。

分割

2. 將麵團取出放在舖好帆布並灑上手粉的桌面上，用切麵刀分割成六個麵團，秤取每個麵團約 180 公克。

3. 將切好的麵團稍微整成圓形後，用不鏽鋼盆或濕布蓋上，靜置約 30 分鐘進行第一次發酵後，即可準備整形。

整形、發酵、烘焙

4. 準備好 20 公分長的烤模並噴上烤模油。

5. 將切好的二個麵團，稍微整成圓形，並在麵團表面塗上薄薄一層蛋汁後，直接放入烤模裡即可。

6. 將麵團靜置約 120 分鐘進行第二次發酵（發酵至麵團約占烤模九分滿即可）。

7. 事先將石板放進烤箱裡的烤盤上以 200℃預熱約 30 分鐘後，將麵團連同烤模放進石板上烘烤，烘焙溫度 170℃，烤約 20 分鐘。

布魯塞爾
La Bruxelloise

材料：3 個麵包份量

T55 法國麵粉（冰鎮）	500g
冰水	310ml
天然酵母	40g
岩鹽	10g
砂糖	80g
全蛋	2 顆
奶油	90g
可可粉	50g
巧克力豆	50g

奶酥配料：

全脂奶粉	200g
奶油	200g
糖粉	200g

作法：

製作麵團

1. 參考 115 頁麵團製作方法，依照本篇材料的分量製作出麵團。
2. 在步驟 3 完成之後，接著加入可可粉及巧克力豆（巧克力豆倒進去後不要打太久，避免巧克力溶化在麵團裡），繼續啟動電源攪拌，打到麵團光滑並且有拍打聲為止。然後再接續步驟 4。

分割

3. 將麵團取出放在鋪好帆布並灑上手粉的桌面上，用切麵刀分割成三個麵團，秤取每個麵團約 400 公克。
4. 將切好的麵團稍微整成圓形後，用不鏽鋼盆或濕布蓋上，靜置約 30 分鐘進行第一次發酵後，即可準備整形。

製作奶酥

5. 將奶酥配料混在一起，以攪拌機均勻拌打備用。

整形、發酵、烘焙

6. 準備好 20 公分長的烤模並噴上烤模油。
7. 切好的麵團用桿麵棍桿平，用抹刀將 200 公克奶酥均勻抹上。
8. 將麵團由上往下捲起呈筒狀，直接放入烤模裡即可。
9. 將麵團靜置約 120 分鐘進行第二次發酵（發酵至麵團約占烤模九分滿即可）。
10. 事先將石板放進烤箱裡的烤盤上以 200℃預熱約 30 分鐘後，將麵團連同烤模放進石板上烘烤，烘焙溫度 170℃，烤約 20 分鐘。

巧克力甜心
L'lvoirienne

材料：6 個麵包份量

材料		配料	
T55 法國麵粉（冰鎮）	500g	全脂奶粉	300g
冰水	290ml	奶油	300g
天然酵母	40g	糖粉	300g
岩鹽	10g	水滴巧克力豆	180g
砂糖	70g		
全蛋	2 顆		
奶油	80g		
可可粉	50g		

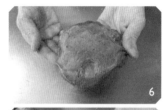

作法：

製作麵團

1. 參考 115 頁麵團製作方法，依照本篇材料的分量製作出麵團。
2. 在步驟 3 完成之後，接著加入可可粉，繼續啟動電源攪拌，打到麵團光滑並且有拍打聲為止。然後再接續步驟 4。

分割

3. 將麵團取出放在鋪好帆布並灑上手粉的桌面上，用切麵刀分割成六個麵團，秤取每個麵團約 180 公克。
4. 將切好的麵團稍微整成圓形後，用不鏽鋼盆或濕布蓋上，靜置約 30 分鐘進行第一次發酵後，即可準備整形。

製作奶酥

5. 將全脂奶粉、奶油及糖粉混成奶酥，以攪拌機均勻拌打備用。

整形、發酵、烘焙

6. 切好的麵團用桿麵棍桿平，用抹刀將 150 公克奶酥均勻抹上後，再酌量放上約 30 公克的水滴巧克力。
7. 將麵團由邊緣捲縮起，讓餡料包覆在裡面，稍微整成圓球狀。
8. 將麵團靜置約 90 分鐘進行第二次發酵（約長成兩倍大即可）。

9. 進烤箱前，在麵團表面灑上奶粉，並以溝紋刀傾斜 45 度劃 5 刀。
10. 事先將石板放進烤箱裡的烤盤上以 200℃預熱約 30 分鐘後，將麵團連同烤模放進石板上烘烤，烘焙溫度 170℃，烤約 15 分鐘。

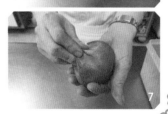

克里夫乳酪
Viennoise à La Crème

材料：6個麵包份量　　　　　　　配料：

T55 法國麵粉（冰鎮）	500g	奶油起司	600g
冰水	280ml	起司粉	適量
天然酵母	40g		
岩鹽	10g		
砂糖	70g		
全蛋	2 顆		
奶油	80g		

作法：

製作麵團

1. 參考 115 頁麵團製作方法，依照本篇材料的分量製作出麵團。

分割

2. 將麵團取出放在舖好帆布並灑上手粉的桌面上，用切麵刀分割成六個麵團，秤取每個麵團約 170 公克。
3. 將切好的麵團稍微整成圓形後，用不鏽鋼盆或濕布蓋上，靜置約 30 分鐘進行第一次發酵後，即可準備整形。

整形、發酵、烘焙

4. 切好的麵團用桿麵棍桿平，用抹刀將 100 公克的奶油起司（cream cheese）均勻抹上後，將麵團由上往下捲起，稍微縮口呈橢圓狀。
5. 將麵團沾取適量起司粉後，靜置約 90 分鐘進行第二次發酵（約長成兩倍大即可）。

6. 進烤箱前，以溝紋刀傾斜 45 度劃 5 刀。
7. 事先將石板放進烤箱裡的烤盤上以 200℃預熱約 30 分鐘後，將麵團連同烤模放進石板上烘烤，烘焙溫度 170℃，烤約 15 分鐘。

雜糧無花果
Le Sultan

材料：6 個麵包份量

T55 法國麵粉（冰鎮）	400g
冰水	280ml
天然酵母	40g
岩鹽	10g
砂糖	70g
奶油	80g
雜糧粉	100g

配料：

無花果	600g
麩皮	適量

作法：

製作麵團

1. 參考 115 頁麵團製作方法，依照本篇材料的分量製作出麵團。

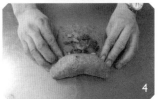

分割

2. 將麵團取出放在舖好帆布並灑上手粉的桌面上，用切麵刀分割成六個麵團，秤取每個麵團約 160 公克。
3. 將切好的麵團稍微整成圓形後，用不鏽鋼盆或濕布蓋上，靜置約 30 分鐘進行第　次發酵後，即可準備整形。

整形、發酵、烘焙

4. 切好的麵團用桿麵棍桿平，舖滿約 100 公克的無花果後，將麵團由上往下捲起，稍微縮口呈橢圓狀。
5. 將麵團沾取適量麩皮後，靜置約 90 分鐘進行第二次發酵（約長成兩倍大即可）。

6. 進烤箱前，以溝紋刀傾斜 45 度劃 5 刀。
7. 事先將石板放進烤箱裡的烤盤上以 200℃ 預熱約 30 分鐘後，將麵團連同烤模放進石板上烘烤，烘焙溫度 170℃，烤約 15 分鐘。

左岸黑豆
Le Kamikaze

材料：6個麵包份量　　　　　　　　配料：

T55 法國麵粉（冰鎮）	500g	黑豆	600g
冰水	280ml	麩皮	適量
天然酵母	40g		
岩鹽	10g		
砂糖	70g		
全蛋	2 顆		
奶油	80g		

作法：

製作麵團

1. 參考 115 頁麵團製作方法，依照本篇材料的分量製作出麵團。

分割

2. 將麵團取出放在鋪好帆布並灑上手粉的桌面上，用切麵刀分割成六個麵團，秤取每個麵團約 170 公克。

3. 將切好的麵團稍微整成圓形後，用不鏽鋼盆或濕布蓋上，靜置約 30 分鐘進行第一次發酵後，即可準備整形。

整形、發酵、烘焙

4. 切好的麵團用桿麵棍桿平，鋪滿約 100 公克的黑豆後，將麵團由上往下捲起，稍微縮口呈橢圓狀。

5. 將麵團沾取適量麩皮後，靜置約 90 分鐘進行第二次發酵（約長成兩倍大即可）。

6. 進烤箱前，以溝紋刀傾斜 45 度割 5 刀。

7. 事先將石板放進烤箱裡的烤盤上以 200℃ 預熱約 30 分鐘後，將麵團連同烤模放進石板上烘烤，烘焙溫度 170℃，烤約 15 分鐘。

雜糧蜜紅豆
L'Haricot Rouge

材料：6 個麵包份量

T55 法國麵粉（冰鎮）	400g
冰水	280ml
天然酵母	40g
岩鹽	10g
砂糖	70g
奶油	80g
雜糧粉	100g

配料：

蜜紅豆	600g
麵粉	適量

作法：

製作麵團

1. 參考 115 頁麵團製作方法，依照本篇材料的分量製作出麵團。

分割

2. 將麵團取出放在舖好帆布並灑上手粉的桌面上，用切麵刀分割成六個麵團，秤取每個麵團約 160 公克。
3. 將切好的麵團稍微整成圓形後，用不鏽鋼盆或濕布蓋上，靜置約 30 分鐘進行第一次發酵後，即可準備塑形。

整形、發酵、烘焙

4. 切好的麵團用桿麵棍桿平，舖滿約 100 公克的蜜紅豆後，將麵團由上往下捲起，稍微縮口呈橢圓狀。
5. 將麵團靜置約 90 分鐘進行第二次發酵（約長成兩倍大即可）。
6. 進烤箱前，將麵團沾取適量麵粉，並以溝紋刀傾斜 45 度割 5 刀。
7. 事先將石板放進烤箱裡的烤盤上以 200℃ 預熱約 30 分鐘後，將麵團連同烤模放進石板上烘烤，烘焙溫度 170℃，烤約 15 分鐘。

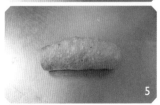

慕尼黑雜糧土司
Le Munichois

材料：3 個麵包份量　　　　　　　配料：

T55 法國麵粉（冰鎮）	400g	南瓜子	150g
冰水	280ml	葵瓜子	150g
天然酵母	40g		
岩鹽	10g		
砂糖	70g		
奶油	80g		
雜糧粉	100g		

作法：

製作麵團

1. 參考 115 頁麵團製作方法，依照本篇材料的分量製作出麵團。

分割

2. 將麵團取出放在舖好帆布並灑上手粉的桌面上，用切麵刀分割成六個麵團，秤取每個麵團約 160 公克。

3. 將切好的麵團稍微整成圓形後，用不鏽鋼盆或濕布蓋上，靜置約 30 分鐘進行第一次發酵後，即可準備整形。

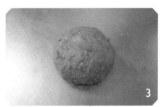

整形、發酵、烘焙

4. 準備好 20 公分長的烤模並噴上烤模油。

5. 將切好的麵團，稍微整成圓形後，將麵團表面沾取適量南瓜子及葵瓜子。

6. 將二個麵團放入烤模裡靜置約 120 分鐘進行第二次發酵（發酵至麵團約占烤模九分滿即可）。

7. 事先將石板放進烤箱裡的烤盤上以 200℃預熱約 30 分鐘後，將麵團連同烤模放進石板上烘烤，烘焙溫度 170℃，烤約 20 分鐘。

金色維也納
La Petite Vienne

材料：6 個麵包份量

		配料：	
T55 法國麵粉（冰鎮）	500g	白芝麻	適量
冰水	280ml	黑芝麻	適量
天然酵母	40g	蛋汁	適量
岩鹽	10g		
砂糖	80g		
全蛋	2 顆		
奶油	90g		

作法：

製作麵團

1. 參考 115 頁麵團製作方法，依照本篇材料的分量製作出麵團。

分割

2. 將麵團取出放在舖好帆布並灑上手粉的桌面上，用切麵刀分割成六個麵團，秤取每個麵團約 180 公克。
3. 將切好的麵團稍微整成圓形後，用不鏽鋼盆或濕布蓋上，靜置約 30 分鐘進行第一次發酵後，即可準備整形。

整形、發酵、烘焙

4. 將麵團由上往下對折，轉 180 度後再由上往下對折至 2/3 處。
5. 麵團左右兩邊稍微縮口後再對折，用左手大拇指搭配右手手掌確實對折。
6. 將整形好的麵團適量沾取白芝麻及黑芝麻，並在麵團表面刷上一層蛋汁、再使用溝紋刀傾斜 45 度割 5 刀。
7. 將麵團靜置約 60 分鐘進行第二次發酵（約長成兩倍大即可）。
8. 事先將石板放進烤箱裡的烤盤上以 200℃預熱約 30 分鐘後，將麵團放進烤箱烘烤，烘焙溫度 170℃，烤約 12 分鐘。

黑美人
Viennoise Au Chocolat

材料：6個麵包份量

T55 法國麵粉（冰鎮）	500g	全蛋	2 顆
冰水	310ml	奶油	90g
天然酵母	40g	可可粉	50g
岩鹽	10g	巧克力豆	50g
砂糖	80g		

作法：

製作麵團

1. 參考 115 頁麵團製作方法，依照本篇材料的分量製作出麵團。

2. 在步驟 3 完成之後，接著加入可可粉及巧克力豆（巧克力豆倒進去後不要打太久，避免巧克力溶化在麵團裡），繼續啟動電源攪拌，打到麵團光滑並且有拍打聲為止。然後再接續步驟 4。

分割

3. 將麵團取出放在舖好帆布並灑上手粉的桌面上，用切麵刀分割成六個麵團，秤取每個麵團約 200 公克。

4. 將切好的麵團稍微整成圓形後，用不鏽鋼盆或濕布蓋上，靜置約 30 分鐘進行第一次發酵後，即可準備整形。

整形、發酵、烘焙

5. 將麵團由上往下對折，轉 180 度後再由上往下對折至 2/3 處。

6. 麵團左右兩邊稍微縮口後再對折，用左手大拇指搭配右手手掌確實對折，並在麵團表面刷上一層蛋汁，再使用溝紋刀傾斜 45 度劃 5 刀。

7. 將麵團靜置約 60 分鐘進行第二次發酵（約長成兩倍大即可）。

8. 事先將石板放進烤箱裡的烤盤上以 200℃預熱約 30 分鐘後，將麵團放進烤箱烘烤，烘焙溫度 170℃，烤約 12 分鐘。

SimpleLife 10

麵包魂
巴黎二十五年烘焙師徐國斌帶你吃出無添加法國原味

作　　　者	徐國斌
攝　　　影	威睿影像設計 孫宗瑋、羅心梅
責任編輯	席　芬
行銷企劃	翁紫鈁
副總編輯	劉容安
總 編 輯	席　芬
社　　　長	郭重興
發行人兼 出版總監	曾大福
出 版 者	自由之丘文創事業 / 遠足文化事業股份有限公司
發　　　行	遠足文化事業股份有限公司
	231 新北市新店區民權路 108-2 號 9 樓
電　　　話	02 2218 1417　傳眞 02 8667 1065
劃撥帳號	19504465　戶名：遠足文化事業股份有限公司
美術設計	羅心梅
印　　　製	前進彩藝有限公司
法律顧問	華洋法律事務所 蘇文生律師
定　　　價	360 元
初版一刷	2014 年 5 月
初版三刷	2016 年 6 月

ISBN 978-986-90194-8-4　　　Printed in Taiwan

國家圖書館出版品預行編目 (CIP) 資料

麵包魂：巴黎二十五年烘焙師徐國斌帶你吃
出無添加法國原味 / 徐國斌 作 .-- 初版 .--
新北市：自由之丘文創出版：遠足文化發行，
2014.5 面；　公分 ── (SimpleLife;10)
ISBN 978-986-90194-8-4 (平裝)
1. 點心食譜 2. 麵包 3. 通俗作品

427.16　　　　　　　　103004204

選 購 烤 箱 秘 笈

如何正確選購烤箱

同樣的配方，一樣的步驟，分別放入兩部不同的烤箱內，設定相同的溫度及時間，當烘焙完成時，你會發現所烘焙出的成品，色澤及口感往往有很大的差異。因此，選擇適合的烤箱是相當重要的。但常常有很多消費者，購買烤箱時，由於不瞭解選購時應注意事項，通常只詢問了價位就決定購買，以至於用過之後往往後悔莫及。因一般便宜的烤箱，由於成本的問題，無法配置較好的溫控元件，常常在連續使用後，溫度越來越高，且烤箱絕緣材質較差，電熱管品質也不好，所以容易造成烤箱內部受熱面不均勻，角落位置容易焦黑，或者甚至烤不熟，所以選購烤箱，不要只決定在價錢上，以下幾個問題，也是在選購時不可忽略的要點。

一、內部的材質／烤箱內部若是不易清洗，則很容易積存油垢，經過高溫烘烤後，很容易造成爐內冒煙或著火，非常危險，當然，烤箱內難聞之異味，更是一般消費者最難忍受的。所以烤箱內部材質是否容易清洗更顯得格外的重要。現在市面上約有下列幾種材質：
1.白鐵材質：此種材質成本最低，但是最難清洗，只要沾上油垢，就很不容易去除。
2.琺瑯材質：烤箱內部以搪瓷烤漆塗裝，較白鐵材質容易清洗，一般較大型之高級烤箱都採用此種材質。
3.自動清潔材質(Self clean / Catalytic)：近年來在歐洲最受歡迎，此種材質不僅具有不沾之特性，且有吸油之效果，省下不少清洗之麻煩，但此種材質價格較貴，目前僅有少數幾家歐洲製造廠商使用。

二、加熱管／烤箱內部加熱管材質的好壞，及纏繞的方式直接影響烘焙的效果，若是想要達到滿意的烘焙程度，加熱管是非常重要的。
1.石英管式加熱管：早期的烤箱都使用此種加熱管，但因容易破裂，且烘焙效果差、溫度較難掌控、食物容易烤焦，所以近年來已不被採用，只剩下一些小型烤箱仍在使用。
2.金屬式加熱管：現在一般烤箱都使用此種加熱管，一般較差的烤箱為了節省成本，大都只用兩支平行的加熱管，或是U字型加熱管，所以烘焙效果較差。因電熱管纏繞的方式與烘焙效果有著絕對的關係，所以當你在選購烤箱時，一定要留意看看電熱管的纏繞是否能將熱度均勻地散佈在烤箱的每個角落。

三、電源線／一般的消費者通常都會忽略了此一部份，但因為烘烤都需要較長的時間，烤箱本身又屬於高功率的電器用品，所以經過長時間的使用容易導致電線線路發燙而產生危險。一般較差的烤箱使用塑膠或PVC線，耐熱程度較差，而品質較好的烤箱則使用橡膠耐熱線，此種電源線耐熱程度較好，長時間使用下電源線才不會發燙。

四、隔熱絕緣效果 ／一台夠水準的烤箱，對於隔熱效果是非常講究的，因為若是不能將熱度蓄留在烤箱內部，而讓熱度散出機體外面，則烘烤的效果一定不好，並且也浪費能源，所以一台好的烤箱，其隔熱絕緣效果是相當重要的，有的較高級廠商甚至於會採用雙層耐熱玻璃阻隔，且使用特殊塑膠防熱封條，並在烤箱內部安裝特殊的絕緣隔熱材。

烤箱的正確使用方法

　　一部好的烤箱，也必須要懂得如何正確的去使用，才能將其功能發揮出來，錯誤的使用方式或是放錯位置等，都可能影響烘焙效果與品質。

一、預熱 ／在烘烤食物之前，均應先將烤箱開關打開，加溫預熱，先行預熱可使烤箱中的熱度散佈均勻，食物放入烤箱後，由於受熱性平均，並可立刻加熱，效果才會更加理想，有些食物例如餅乾，若烤前未將烤箱預熱，會造成餅乾變形、乾硬等現象，若烤酥皮類的食物則會有出油，餅皮崩塌的情形。

但是如何才是正確的預熱方法呢？首先將烤箱電源開關打開，其次設定溫度，所設的溫度為所要烘焙食物所需的溫度，設定好後調整時間，一般溫控較好的烤箱，溫度抵達我們所設定的溫度時，溫度的燈會熄滅，代表爐內已達熱所需溫度，此時食物才可置入烤箱內。

二、烤盤位置的選擇 ／任何廠牌的家用烤箱均有高、低架位的設計。由於一般家用烤箱，由於內容量小，講究的是爐內每個角落需達到均溫，不需有上、下火的設定，有些食物需要上火較強時，就必須將烤盤調高來烘烤。反之，不需下火較強，則將烤盤位置調低即可。若是營業用烤箱，由於烤箱容量大，不易達到均溫，故 定需要將上、下火分開來設定，且烘焙過程亦需時時刻刻注意烤盤需前後對調及上下調整。

三、溫度的控制 ／溫度的設定是依據食物的體積與特性為基礎。烘烤餅乾時，有時由於製作的大小，所需的溫度也會有所不同，但是由於烤箱品質的問題，有些較差品牌的烤箱溫度標示只能僅供參考，比方說有的同品牌、同型號烤箱，使用110℃在1小時烤熟一個8吋蛋糕，但是下一次烤量需要到180℃才能在同樣時間內將一個蛋糕烤熟。聽起來是很離譜，但是這的確是個事實，也就是說這種烤箱的溫度不穩定，它容易讓我們浪費許多時間與食材，卻做不出好料理。好品質的烤箱是應該爐內溫控棒的，而且其溫度是穩定的。當然，一般機構式溫控開關的燃點絕對是不可能調到與外面標示之溫度是一

模一樣，但是它絕對是穩定的，例如這台烤箱的溫度燃點是需要加30℃，那也就是每一次都是需要加30℃，若需減20℃，則每次皆需減20℃。但假如烤相同的東西，一樣的配方，同樣的步驟，每次卻需不同的溫度，而且還不見得烤得熟，甚至還烤焦了，那麼，這絕對不是一台好烤箱。

四、時間的設定 ／烤箱所需時間的長短，除了依食物的特性及體積有所區分外，最好仍以基本的測試法來判斷。即使是同廠牌同型號的烤箱，由於其溫度燃點會有些許差異，所以時間也跟著會稍有差異，但無論如何，時間的設定是非常重要的，因此建議您買烤箱，一定要買裝置有計時器的。假如你對於你的烤箱性能還不是很瞭解，你可能設定較短的時間，若覺得不夠熟，再延長時間，若是所烤的時間超過食譜所寫的時間10分鐘以上，你就需要考慮加高烘焙的溫度。

五、烘焙的過程 ／烘焙時切記不可經常的開啟烤箱門，以免爐內溫度大量流失，溫度回升就需要較長時間。故當於烤蛋糕時，尤其注意不要經常的開啟爐門，因溫度降低會影響蛋糕的膨脹度，在烘焙泡芙時中途更絕對不可打開爐門，但有時必須在烘烤中途將食物取出刷上醬料或蛋液時，當你將食物取出後，最好立刻將爐門關上，等刷好後再開啟爐門，這樣可防止熱氣外洩。

六、安全的使用 ／烤箱所需電流較大，當使用時請採用單一插座，切勿與其他電器使用同一插座，以免插座無法負載而發生意外。而且一定不可將插頭的接地線隨便折斷，假如您家的插座無接地設備，只有兩插時，則建議您也購買附有接地線之轉接插頭，且將接地線鎖進牆上插座螺絲內，將殘餘之洩漏電流導全建築物地底下去。有些廉價烤箱由於隔熱效果較差，所以當在使用時，機體會產生高溫，應避免用手直接觸碰，以免燙傷，拿取烘烤中的食物時，應戴上防熱手套。

七、使用後的保養 ／基於衛生與安全的理由，每次使用後應將烤箱內部清理乾淨，尤其是烘烤肉類食物之後，應立刻將濺於烤箱內壁的油脂擦拭乾淨，以免油垢長期堆積，極易引起爐內冒煙與大火，且殘餘油漬也易造成烤箱內有惡臭異味。即使是使用較高級的烤箱有自動吸油清潔材質(Catalytic)，雖較不易卡油垢，但不代表烤箱可完全不用清理，仍然必需於每次使用完畢後，使用濕抹布將內壁擦拭乾淨。

飛騰家電 VASTAR
www.vastar.com.tw

廣南國際有限公司　臺北市士林區雨農路24號
TEL：(02)2838 1010　FAX：(02)2838 1212

www　　　　f　　　　You

本公司各大百貨專櫃
大葉高島屋12F・太平洋SOGO台北忠孝店8F・SOGO新竹站前店9F・SOGO新竹Big City店6F
SOGO高雄店10F・遠東寶慶店8F・遠東FE21板橋店10F・新光三越南西店7F・新光三越新竹店7F
新光三越台中店8F・中友百貨台中店B棟10F

CE [symbols] P2-215

防油、防水、抗黏、耐熱溫度可達250℃，不沾鍋、不黏烤盤，收拾清理方便又乾淨。
蒸、煮、烤、炸、冷凍、微波....各種料理均可適用，低溫冷凍時可防止食物沾黏，讓食物解凍更快更方便，取代金屬高溫氧化與塑膠不耐高溫的缺點，並可適用於微波爐。100%純紙漿，不含螢光劑，無污染，符合環保無二次公害。符合美國FDA與德國BfR食品衛生標準之專業用紙。

熟食外帶　　食材加熱　　透氣蒸炊　　調味混裝　　乾糧存放　　食物分裝

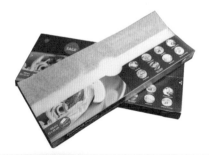 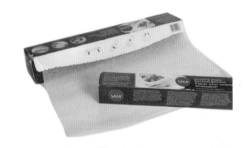

SAGA萬用調理紙(抽取式)

品項	尺寸(寬*長)	包裝
BBN270330	27cm*33cm	(100張/盒) (12盒/箱)
BBN330420	33cm*42cm	(100張/盒) (12盒/箱)

SAGA萬用調理紙(商用捲)

品項	尺寸(寬*長)	包裝
BBN380W12LM	38cm*12M	24(支/箱)
BBN390W50LM	39cm*50M	12(支/箱)

VASTAR 法國烤箱 · SAGA 環保萬用調理紙　大放送

填寫下頁讀者回函卡寄回本公司，就有機會免費獲得 **VASTAR** 法國烤箱與健康零污染、耐熱性強的德國 **SAGA**（抽取式）萬用調理紙。

活動方式／
即日起至 2014 年 6 月 30 日止（以郵戳為憑），購買本書並完整填妥下頁的讀者回函卡資料（免貼郵票、請直接投郵，影印無效）寄回出版社，即可參加「VASTAR 法國烤箱 X 環保萬用調理紙抽獎活動」，共 51 個名額。

獎品內容／
飛騰家電 VASTAR RG06 法國烤箱 市價約 22,000 元，共 1 名
巨圓紙業 SAGA（抽取式）萬用調理紙，共 50 名

注意事項／
請填入真實姓名以利抽獎的公布和通知。得獎名單於 7 月 25 日公布在自由之丘臉書粉絲專頁（facebook.com/freedomhillcreative）及自由之丘部落格（freedomhill.pixnet.net/blog），並將以電子郵件或電話通知。
獲獎人將可獲得飛騰家電 VASTAR RG06 法國烤箱一台或巨圓紙業 -SAGA（抽取式）萬用調理紙一盒。

非常感謝：飛騰家電、巨圓紙業熱情贊助。

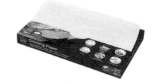

自由之丘

VASTAR 法國烤箱 SAGA 環保萬用調理紙抽獎活動
專用讀者回函卡

親愛的愛書人朋友您好，感謝您購買自由之丘文創事業的出版品。
我們非常期待來自您的意見，請填寫以下問卷內容，
我們將會針對您的寶貴意見持續改進。感謝您！

書號：0ISL0010　　書名：麵包魂　　編碼：

● 讀者資料

姓名：＿＿＿＿＿＿＿＿＿＿＿　性別：□男　□女　生日：　年　月　日

地址：＿＿＿＿＿＿＿＿＿＿＿＿＿＿＿＿＿＿＿＿＿＿＿＿＿＿＿＿

電話：＿＿＿＿＿＿＿＿＿＿＿　E-mail：＿＿＿＿＿＿＿＿＿＿＿

職業：□1. 學生　□2. 軍公教　□3. 服務　□4. 金融　□5. 製造　□6. 資訊　□7. 傳播　□8. 自由業
　　　□9. 農漁牧　□10. 家管　□11. 退休　□12. 其他＿＿＿＿＿＿＿＿＿

最高學歷：＿＿＿＿＿＿＿＿＿＿＿＿＿＿＿＿＿＿＿＿＿＿＿＿＿＿＿

年齡：□20 歲以下　□20-30 歲　□30-40 歲　□40-50 歲　□50-60 歲　□60 歲以下

● 購書資料

您如何得知本書消息？□1. 書店　□2. 網路　□3. 報紙　□4. 雜誌　□5. 廣播　□6. 電視　□7. 親友推薦
　　　　　　　　　　□8. 其他＿＿＿＿＿＿＿＿＿＿

您如何購買本書？□1. 書店　□2. 網路　□3. 傳真訂購　□4. 郵局劃撥　□5. 其他＿＿＿＿＿

您習慣購書地點？□1. 實體連鎖書店　□2. 網路書店　□3. 獨立書店　□4. 傳統書店　□5. 其他＿＿＿＿＿

您喜歡閱讀哪些類別書籍？□1. 財經商業　□2. 自然科學　□3. 歷史人文　□4. 文學小說　□5. 藝術設計
　　　　　　　　　　　　□6. 生活風格　□7. 休閒旅遊　□8. 其他＿＿＿＿＿＿＿＿

如果您發現書中錯誤之處或內文有任何需要改進之處，請不吝給予指教：

＿＿＿＿＿＿＿＿＿＿＿＿＿＿＿＿＿＿＿＿＿＿＿＿＿＿＿＿＿＿＿＿＿＿＿＿＿＿＿

＿＿＿＿＿＿＿＿＿＿＿＿＿＿＿＿＿＿＿＿＿＿＿＿＿＿＿＿＿＿＿＿＿＿＿＿＿＿＿

＿＿＿＿＿＿＿＿＿＿＿＿＿＿＿＿＿＿＿＿＿＿＿＿＿＿＿＿＿＿＿＿＿＿＿＿＿＿＿

＿＿＿＿＿＿＿＿＿＿＿＿＿＿＿＿＿＿＿＿＿＿＿＿＿＿＿＿＿＿＿＿＿＿＿＿＿＿＿

對自由之丘的任何建議：

＿＿＿＿＿＿＿＿＿＿＿＿＿＿＿＿＿＿＿＿＿＿＿＿＿＿＿＿＿＿＿＿＿＿＿＿＿＿＿

＿＿＿＿＿＿＿＿＿＿＿＿＿＿＿＿＿＿＿＿＿＿＿＿＿＿＿＿＿＿＿＿＿＿＿＿＿＿＿

＿＿＿＿＿＿＿＿＿＿＿＿＿＿＿＿＿＿＿＿＿＿＿＿＿＿＿＿＿＿＿＿＿＿＿＿＿＿＿

＿＿＿＿＿＿＿＿＿＿＿＿＿＿＿＿＿＿＿＿＿＿＿＿＿＿＿＿＿＿＿＿＿＿＿＿＿＿＿

廣　告　回　函
台灣北區郵政管理局登記證
第　1　4　4　3　7　號
郵　資　已　付，免　貼　郵　票

23141
新北市新店區民權路 108-4 號 8 樓
自由之丘文創事業 收

書號：OISL0010 　 書名：麵包魂 　 編碼：

● 請沿虛線摺起裝訂後寄回，謝謝！

自由之丘

GreenLand 書系———回應大地的住居環境實踐、打造永續的地球
ArtScene 書系————採掘設計、藝術的豐美創造能量
SimpleLife 書系———實踐慢活、樂活的日常素樸光景
NewSpirit 書系————連結內在師父的靈性修行
NeoReading 書系———吐納生命脈動的人文文學